CATIA V5 – kurz und bündig

Michael Schabacker (Hrsg.)
Martin Wiesner · Christopher Kral

CATIA V5 – kurz und bündig

Grundlagen für Einsteiger

6. Auflage

Hrsg.
Dr.-Ing. Dipl.-Math. Michael Schabacker ⓘ
Produktentwicklung und Konstruktion
Otto-von-Guericke-Universität
Magdeburg
Magdeburg, Deutschland

Autoren
Martin Wiesner
Hochschule Anhalt Köthen
Köthen, Deutschland

Christopher Kral
Hochschule Anhalt Köthen
Köthen, Deutschland

ISBN 978-3-658-50022-1   ISBN 978-3-658-50023-8   (eBook)
https://doi.org/10.1007/978-3-658-50023-8

Die Deutsche Nationalbibliothek verzeichnet diese Publikation in der Deutschen Nationalbibliografie; detaillierte bibliografische Daten sind im Internet über https://portal.dnb.de abrufbar.

Planung/Lektorat: Ellen-Susanne Klabunde
Springer Vieweg ist ein Imprint der eingetragenen Gesellschaft Springer Fachmedien Wiesbaden GmbH und ist ein Teil von Springer Nature.
Die Anschrift der Gesellschaft ist: Abraham-Lincoln-Str. 46, 65189 Wiesbaden, Germany

Wenn Sie dieses Produkt entsorgen, geben Sie das Papier bitte zum Recycling.

Vorwort

Studierende der Otto-von-Guericke-Universität Magdeburg werden seit über 25 Jahren an führenden 3D-CAx-Systemen mit dem Ziel ausgebildet, Grundfertigkeiten in der Anwendung der CAx-Technologie zu erwerben, ohne sich dabei nur auf ein einziges System zu spezialisieren. Dazu bearbeiten die Studierenden auf ihrem Weg zum Bachelor- oder Master-Abschluss eine große Anzahl von CAx-Übungsbeispielen allein oder gemeinsam im Team auf mindestens vier verschiedenen 3D-CAx-Systemen.

Das vorliegende Buch nutzt die vielfältigen Erfahrungen, die während dieser Ausbildung gesammelt werden. Ergänzend fließen aktuelle Erkenntnisse und praxisnahe Lehransätze aus der Hochschullehre an der Hochschule Anhalt in Köthen mit ein. Den Leserinnen und Lesern werden die Grundlagen der parametrischen 3D-Modellierung anhand der CAD-Funktionen des Systems CATIA V5 systematisch und praxisorientiert vermittelt.

Der Fokus des vorliegenden Buches liegt auf einer kurzen, verständlichen Darstellung der grundlegenden Funktionalitäten von CATIA V5, eingewoben in praktische Übungsbeispiele. Somit können Leser:innen, parallel zu den erläuterten Funktionen, das Erlernte sofort praktisch anwenden und festigen.

Dabei können natürlich nicht alle Details behandelt werden. Es werden aber stets Anregungen zum weiteren selbstständigen Ausprobieren gegeben, denn nichts ist beim Lernen wichtiger als das Sammeln eigener Erfahrungen. Durch den Aufbau des Textes in Tabellenform kann das Buch nicht nur als Schritt-für-Schritt-Anleitung, sondern auch als Referenz für die tägliche Arbeit mit dem System CATIA V5 genutzt werden. Das ausführlich aufgearbeitete Sachwort-verzeichnis am Ende des Buches wirkt dabei zusätzlich unterstützend.

Das Buch wendet sich an Leser:innen mit keiner oder geringer Erfahrung in der Anwendung von 3D-CAx-Systemen. Es soll das Selbststudium unterstützen und zu weiterer Beschäftigung mit der Software anregen.

Die Autoren sind dankbar für jede Anregung aus dem Kreis der Leser:innen bezüglich des Inhalts und der Reihenfolge der Modellierung. Weiterer Dank gilt den Autoren der vorangegangenen Auflagen Herrn Dipl.-Ing. Reinhard Ledderbogen und Herrn Dr.-Ing. Stephan Hartmann, Herrn Dr.-Ing. Andreas Wünsch sowie Herrn Vincent Hoffmann. Zusätzlicher Dank geht an Frau Susanne Schemann und Frau Ellen-Susanne Klabunde sowie an alle beteiligten Mitarbeiter:innen des Verlags Springer Vieweg für die engagierte und sachkundige Zusammenarbeit bei der Erstellung des Buches.

Köthen, im Dezember 2025   Martin Wiesner

Christopher Kral

Dr.-Ing. Dipl.-Math. Michael Schabacker

Inhaltsverzeichnis

1 Einleitung

 CATIA V5 (Computer Aided Three-Dimensional Interactive Application) ist ein leistungsfähiges CAx-System, das ursprünglich für den Flugzeugbau entwickelt wurde und sich auch in der Automobilindustrie etabliert hat. Mit CATIA V5 ist es möglich, dreidimensionale Draht-, Flächen- und Volumenmodelle zu entwickeln und aus diesen zweidimensionale Zeichnungen zu erstellen.

Das System besteht aus ca. 180 verschiedenen Modulen (Umgebungen), die dem Anwender neben der eigentlichen Konstruktion eine Vielzahl weiterer Möglichkeiten, wie Kinematikuntersuchungen, FEM-Berechnungen, NC-Programmierungen, wissensbasierte Konstruktionen oder Visualisierungen bieten.

CATIA V5 wird von Dassault Systèmes entwickelt, welches mit dem französischen Flugzeughersteller Dassault Aviation kooperiert und ca. 20.000 Mitarbeiter:innen beschäftigt. CATIA V5 wurde 1999 als Nachfolger von CATIA V4 eingeführt. Trotz der Einführung der moderneren 3DEXPERIENCE-Plattform bleibt V5 weit verbreitet, da es tief in industrielle Prozesse eingebettet ist. Es wird regelmäßig weiterentwickelt und bietet kontinuierlich Verbesserungen in Nutzungsfreundlichkeit, Performance, Cloud-Integration und der Kompatibilität mit 3DEXPERIENCE. In regelmäßigen Abständen erscheinen neue Releases des Systems. Die letzten Releases erschienen jeweils zum Anfang eines jeden Jahres. In diesem Buch wird das Release 2020 verwendet. Die Beispiele können jedoch auch problemlos mit anderen Releases nachvollzogen werden.

Die Arbeit mit dem Buch wird durch einen Download-Bereich unterstützt. Die verwendeten Modelle sowie die Lösungen zu den Kontrollfragen können über die angegebenen Zusatzinformation am Anfang jedes Kapitels heruntergeladen werden.

Um Nutzer:innen die Handhabung des Buches zu erleichtern, sind links vor dem Text die Icons für die verwendeten Funktionen sowie evtl. vorhandene Tastatur-Kürzel angegeben. Die Namen der jeweils verwendeten Funktionen sind in KAPITÄLCHEN dargestellt und zu manipulierende Werte sind **fett** hervorgehoben.

⇨ *Handlungsfolgen sind kursiv und durch Pfeile dargestellt.*

Ergänzende Information Die elektronische Version dieses Kapitels enthält Zusatzmaterial, auf das über folgenden Link zugegriffen werden kann https://doi.org/10.1007/978-3-658-50023-8_1.

(i) Ergänzende Informationen sowie Warnhinweise sind mit einem „i" bzw. mit einem Ausrufezeichen markiert.

(?) Kontrollfragen zum Kapitelende helfen dabei, das Erlernte zu überprüfen.

1.1 Benutzungsoberfläche

 Nach dem Programmstart und dem Öffnen einer Datei wird die Benutzungsoberfläche von CATIA V5 angezeigt. Die Oberfläche ist innerhalb der verschiedenen Umgebungen und Symbolleisten vielseitig erweiter- und anpassbar. Die Abbildung zeigt die Benutzungsoberfläche in der Umgebung PART DESIGN mit dem geöffneten Modell des Getriebegehäuses.

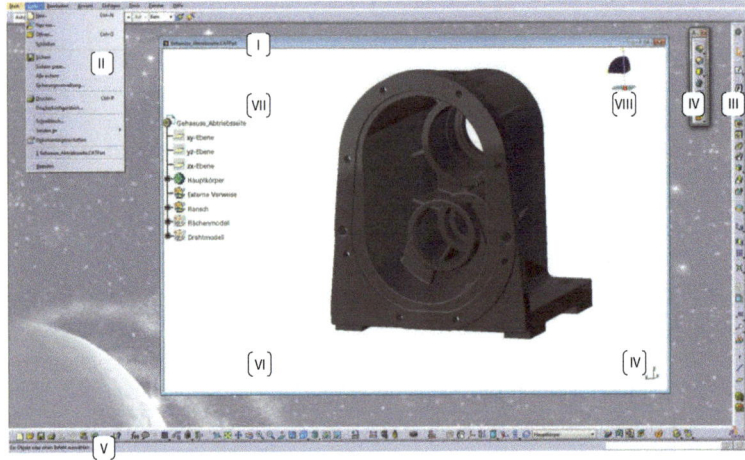

[I]	Titelleiste	Enthält den Namen und die Spezifikation des aktiven Dokuments
[II]	Menüleiste	Beinhaltet alle der Datenverwaltung und Modellierung zugeordneten Funktionen
[III]	Funktionsleisten	Enthalten die für diese Umgebung spezifischen Anwendungen mit zugehörigen Symbolleisten
[IV]	Symbolleisten	Enthalten häufig verwendete Funktionen als Buttons
[V]	Dialog/Statusleiste	Enthält Anweisungen und Meldungen bezüglich einer gewählten Funktion
[VI]	Grafikbereich	Visualisiert die Geometrie des CAD-Modells mit Koordinatenebenen im ausgewählten Ansichtsmodus

[VII] Strukturbaum Enthält alle Elemente des geöffneten Modells, wie z. B. Parameter, deren Beziehungen und Features zur Geometrieerstellung in chronologischer Reihenfolge

[VIII] Kompass Dient zur Orientierung im Grafikbereich sowie zum definierten Drehen oder Verschieben der Geometrie oder Selektieren einzelner Flächen

[IV] Koordinatensystem Anzeige der Ausrichtung des Grafikbereichs

1.2 Datenverwaltung

Neue Datei erstellen

 Datei ⇨ Neu…

Strg+N Hier kann aus verschiedenen Umgebungen der dafür entsprechende Dokumententyp gewählt werden. Die einzelnen Umgebungen beinhalten spezifische Voreinstellungen und Funktionen für verschiedene Anwendungen. In diesem Buch werden die Dokumenttypen Part (Einzelteil), Product (Baugruppe/Zusammenbau) und Drawing (Zeichnung) verwendet.

Im Dialogfenster Neues Teil (Part) besteht die Möglichkeit, den Dokumententyp der Sitzung zu benennen und erforderliche Optionen für die verwendete Konstruktionsumgebung anzupassen. Die folgenden Auswahlmöglichkeiten werden im Allgemeinen vom Unternehmen vorgegeben.

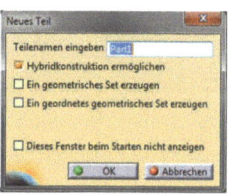

Die Hybridkonstruktion erlaubt die Anwendung von Volumenelementen, Drahtmodellelementen und Flächenelementen in einem Körper.

Weiterhin kann direkt beim Erzeugen einer neuen Datei ein geometrisches Set oder/und ein geordnetes geometrisches Set erzeugt werden. Geometrische Sets und Körper werden ausführlich in Abschnitt 2.2 beschrieben.

 Datei ⇨ Neu aus…

Mit Hilfe dieses Befehls wird ein neues Dokument, basierend auf der Kopie eines vorhandenen Dokumentes, erzeugt.

Datei öffnen

 Datei ⇨ Öffnen…

Strg+O Im Fenster *Dateiauswahl* kann die gewünschte Datei geöffnet werden.

Der Dateiname darf keine Sonderzeichen (z. B. ä, ~ oder /) enthalten.

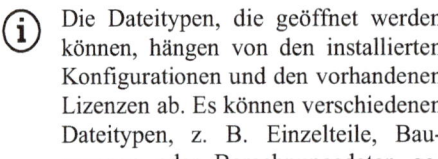

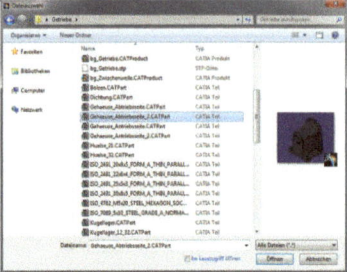

 Die Dateitypen, die geöffnet werden
können, hängen von den installierten
Konfigurationen und den vorhandenen
Lizenzen ab. Es können verschiedenen
Dateitypen, z. B. Einzelteile, Baugruppen oder Berechnungsdaten geöffnet werden.

Auf diese Art können auch neutrale Dateiformate wie step- oder iges-
Dateien in CATIA importiert werden.

Datei sichern

 Datei ⇨ Sichern

Strg+S In der Statusleiste wird eine Bestätigung angezeigt, dass die Datei gesichert
wird. Enthält die zu sichernde Datei Verknüpfungen zu anderen ungesi-
cherten Bauteilen, wird ein Warnhinweis angezeigt.

Datei ⇨ Sichern unter…

Im Dialogfenster Sichern unter den Speicherort des Dokuments sowie seinen Dateinamen und seinen Typ angeben. Als neues Dokument Sichern aktivieren.

 Diese Option ermöglicht das Sichern
eines vorhandenen Dokuments unter
einem neuen Namen. Für neue Doku-
mente ist die Option nicht verfügbar.
Analog zum Öffnen einer Datei kann
das Modell hier in neutralen Da-
teiformaten wie step- oder iges-
Dateien gespeichert werden.

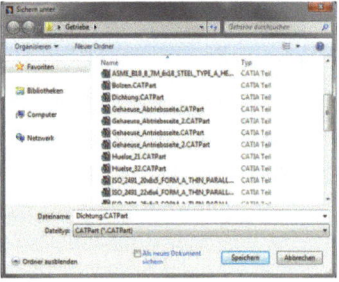

 Auch beim Sichern darf der Dateiname keine Sonderzeichen
(z. B. ä, ~ oder /) enthalten.

Datei ⇨ Alle sichern

Dabei werden alle zurzeit geöffneten Modelle gesichert.

Sicherungsverwaltung

Datei ⇨ Sicherungsverwaltung…

In der Sicherungsverwaltung können die Speicherorte der geöffneten Modelle eingesehen und geändert werden.

Dazu ist es möglich den Speicherort jeder einzelnen Datei manuell zu ändern bzw. das Speicherverzeichnis einer Datei auf eine andere zu übertragen.

1.3 Umgebungen

In CATIA V5 wird eine Vielzahl von Funktionen bereitgestellt, welche für die jeweilige Anwendung in unterschiedlichen Arbeitsumgebungen eingeordnet sind.

Nutzer:innen muss entsprechend seiner Anwendung die spezifische Umgebung mit den darin befindlichen Werkzeugen auswählen.

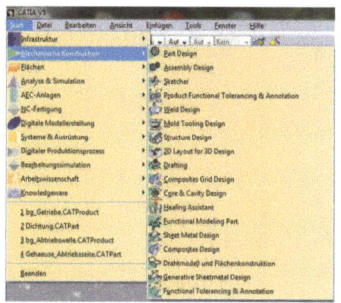

 Das Wechseln zwischen den Umgebungen erfolgt über *Start ⇨ Anwendungsgebiet ⇨ Umgebung*

(z. B. *Start ⇨ Mechanische Konstruktion ⇨ Part Design*)

In diesem Buch werden die folgenden Umgebungen verwendet:

- PART DESIGN (Volumenmodellierung),
- ASSEMBLY DESIGN (Baugruppenerstellung)
- GENERATIVE SHAPE DESIGN (Flächenmodellierung)
- DRAFTING (Zeichnungserstellung)
- PHOTO STUDIO (Erstellung von fotorealistischen Bildern)

(i) Manche Modelle verlangen aufgrund spezieller Funktionen beim Aufbau der Geometrie einen Wechsel der Umgebung während des Konstruierens. Auf den Wechsel zwischen den Umgebungen wird bei der Konstruktion des Gehäuses der Abtriebsseite (Abschnitt 3.9) detailliert eingegangen.

Anpassen der Umgebung (Module)

Um ein schnelles Wechseln der primär benötigten Module zu gewährleisten, kann die Werkzeugleiste UMGEBUNG angepasst werden.

⇨ *Tools* ⇨ *Anpassen...*

Alternativ:

⇨ *RMT auf ein beliebiges Symbol in einer beliebigen Symbolleiste*

⇨ *Anpassen...*

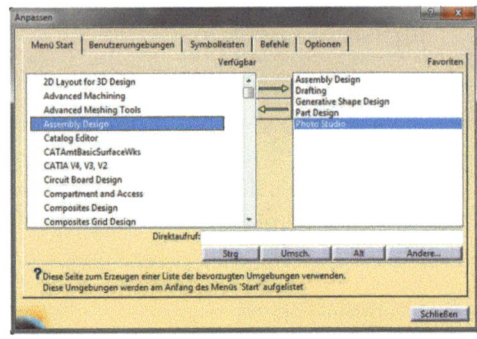

In der Registerkarte Menü Start können Benutzer:innen eine Umgebung auswählen und anschließend den Pfeil ⟹ anklicken (oder den Kontextbefehl Hinzufügen wählen), um die Umgebung in die Liste Favoriten zu verschieben. Alle ausgewählten Favoriten befinden sich anschließend in der Symbolleiste Umgebung.

Sprache ändern

Unter *Tools* ⇨ *Anpassen* ⇨ *Register* Optionen kann die Sprache der Benutzungsoberfläche geändert werden.

1.4 Optionen

Sämtliche Einstellungen werden in CATIA V5 in den Optionen vorgenommen. Diese werden über *Tools* ⇨ *Optionen* aufgerufen.

Über den Auswahlbaum auf der linken Seite kann die jeweilige Umgebung ausgewählt werden.

Eine weitere Auswahl ist über die Registerkarten möglich.

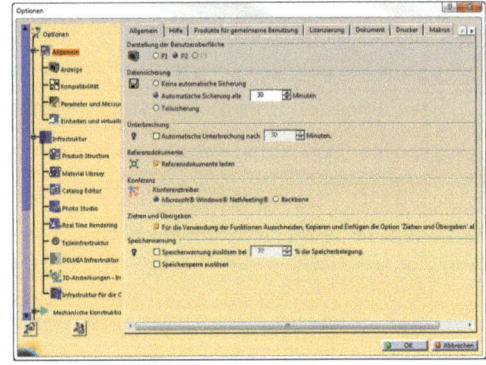

 Die Einstellungen können jederzeit auf STANDARD ZURÜCKGESETZT werden.

Weiterhin kann auch ein AUSZUG DER AKTUELLEN EINSTELLUNGEN erzeugt werden.

1.5 Tastatur- und Mausbelegung

Die Tastatur und Mausbelegung kann am besten an einem geöffneten Modell ausprobiert werden. Einige Funktionen können direkt über Tastenkombinationen aufgerufen werden. Die wichtigsten Tastenkombinationen werden in diesem Buch unter den jeweiligen Schaltflächen aufgeführt.

LMT klicken — Menüs, Geometrie und Optionen selektieren

RMT klicken — Ein objektspezifisches Kontextmenü öffnen

MMT klicken — Selektierten Punkt zentrieren, um diesen Punkt kann die aktuelle Ansicht anschließend gedreht werden

LMT Doppelklick — Startet die Standardaktion für dieses Objekt oder öffnet das Definitionsfenster der Geometrie

RMT in Textfeld klicken — Kontextmenü für Auswahloptionen anzeigen

Mausrad scrollen — Strukturbaum scrollen

MMT halten — Ansicht verschieben

Strg + Pfeiltasten — Ansicht schrittweise verschieben

MMT halten + RMT halten (MMT halten + Strg halten) — Ansicht rotieren

Shift + Pfeiltasten — Ansicht schrittweise rotieren

MMT halten + RMT klicken (MMT halten + Strg drücken) — Ansicht zoomen

Shift + Bild auf/Bild ab — Ansicht schrittweise zoomen

	Alt halten + LMT klicken	Mehrfachaus-wahl über eine Liste 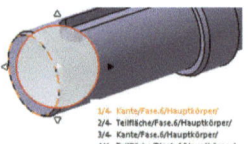
	Strg + Tab	Wechsel zwischen verschiedenen Fenstern innerhalb der CATIA-Oberfläche, z. B. wenn mehrere Dateien geöffnet sind
	ESC drücken	Abbrechen

1.6 Strukturbaum

Der Strukturbaum im Grafikbereich stellt die Struktur des Modells dar. Er bildet alle angewendeten Funktionen von oben nach unten in chronologischer Reihenfolge ab, wobei die Reihenfolge der Operationen das Ergebnis beeinflusst. Er enthält Funktionen und Parameter, Bedingungen, Beziehungen sowie Materialien.

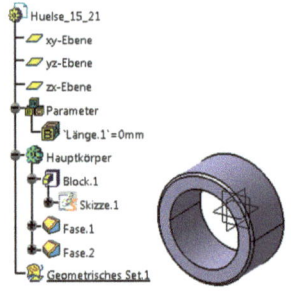

Bei einer Baugruppendatei (Product) erscheinen zusätzlich Informationen zu den Verknüpfungen der Modelle untereinander, erzeugte Messungen oder erstellte Schnitte im Strukturbaum. ss

 Der Strukturbaum kann (versehentlich) durch das *Anklicken des Koordinatensystems* (rechts unten im Grafikbereich) oder *eines seiner Äste* aktiviert und, wie die Geometrie, in seiner Darstellung verändert werden (vergrößern, verkleinern oder verschieben). Der Grafikbereich wird in diesem Fall verdunkelt dargestellt und das Modell kann nicht mehr gedreht werden. Bei nochmaliger Auswahl des Koordinatensystems oder eines Astes wird die Geometrie wieder aktiviert.

Mit der Funktionstaste *F3* kann der Strukturbaum zur Erhöhung der Übersichtlichkeit ein- bzw. ausgeblendet werden.

Der Strukturbaum kann mit Plus- und Minuszeichen auf- bzw. eingeklappt werden, ein Doppelklick aktiviert ein Feature zur Bearbeitung. Elemente lassen sich per Drag & Drop umsortieren, ein Rechtsklick öffnet ein Kontextmenü mit Optionen wie Umbenennen oder Ausblenden.

Strukturbaum erweitern

Die Ebenen des Strukturbaums können individuell aufgeklappt oder zugeklappt werden.

Zusätzlich kann der Strukturbaum im Ganzen erweitert werden.

⇨ *Ansicht* ⇨ *Erweiterung des Strukturbaumes*

So kann zwischen einer Darstellung der ersten Ebene, der zweiten Ebene, einer vollständigen Darstellung aller Ebenen und einer ganzheitlichen Ausblendung des Strukturbaumes gewählt werden.

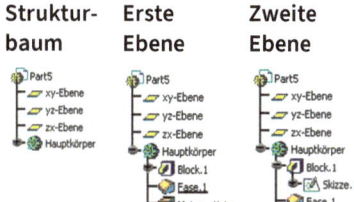

Darstellung des Strukturbaumes im Part Design

Um neben den Ebenen, dem Hauptkörper und dem geometrischen Set die Parameter und ihre Beziehungen im Strukturbaum darzustellen, muss zunächst die Darstellung des Strukturbaums angepasst werden:

⇨ *Tools* ⇨ *Optionen* ⇨ *Infrastruktur* ⇨ *Teileinfrastruktur*

⇨ *Registerkarte Anzeige* ⇨ *Parameter und Beziehungen aktivieren*

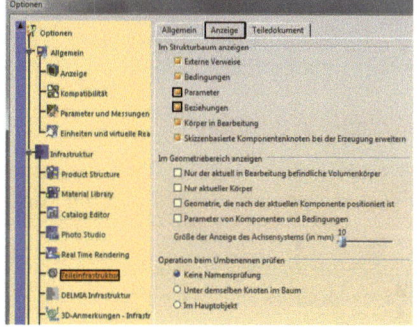

Weiterhin muss der Darstellungsumfang der Parameter wie folgt konfiguriert werden:

⇨ *Tools* ⇨ *Optionen* ⇨ *Allgemein* ⇨ *Parameter und Messungen* ⇨ *Registerkarte Ratgeber* ⇨ *Mit Wert und Mit Formel aktivieren*.

Die Darstellungsart der Strukturbaumelemente kann in den selben Optionen unter *Allgemein* ⇨ *Anzeige Registerkarte Strukturbaumdarstellung* angepasst werden.

Darstellung des Strukturbaumes im Assembly Design

Auch bei der Erstellung von Baugruppen (Assembly Design) wird der Strukturbaum angezeigt. Hier beinhaltet dieser in erster Linie die Unterbaugruppen und Einzelteile der Baugruppe.

Auf Baugruppenebene können analog zum Part Design ebenfalls Parameter und Beziehungen definiert werden.

Um in einem Produkt die Parameter und ihre Beziehungen im Strukturbaum darzustellen, muss ebenfalls die Darstellung des Strukturbaums angepasst werden:

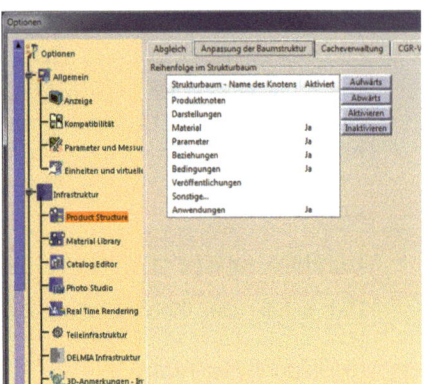

⇨ *Tools* ⇨ *Optionen* ⇨ *Infrastruktur* ⇨ *Product Structure*

⇨ *Registerkarte Anpassung der Baumstruktur* ⇨ *Parameter und Beziehungen aktivieren*

Neu anordnen

Über die Funktion NEU ANORDNEN können einzelne Features im Strukturbaum neu angeordnet werden.

⇨ *Im Strukturbaum RMT auf ein Features*

⇨ *Objekt...*

⇨ *Neu anordnen...*

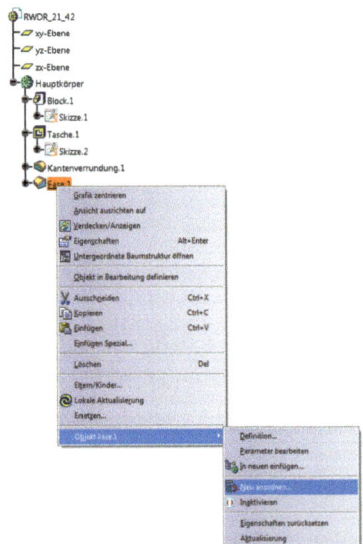

Im folgenden Dialog kann dann die neue Position gewählt werden.

(i) Die Auswahl gelb hinterlegter Elemente ist nicht möglich. Somit wird zudem sichergestellt, dass durch die neue Anordnung keine Abhängigkeiten verletzt werden.

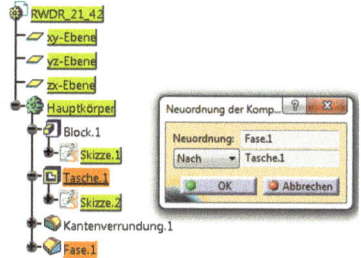

1.7 Darstellung und Ansicht

Alle die Darstellung und Ansicht der Geometrie betreffenden Funktionen sind unter der Menüleiste ANSICHT (I) verfügbar.

Weiterhin lassen sich einige ausgewählte Funktionen über die Symbolleiste ANSICHT (II) anwählen.

(i) Der schnelle und effiziente Umgang mit CATIA V5 setzt eine genaue Kenntnis der Darstellungsoptionen und deren Konfiguration voraus. Auf einige wichtige Aspekte des Darstellungsmodus und der Ansicht des Grafikbereiches wird im Folgenden genauer eingegangen.

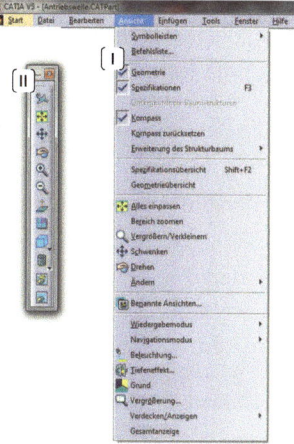

Konfigurieren des Grafikbereiches

Über *Ansicht* ⇨ *Symbolleisten* können alle Symbolleisten inklusive deren Anwendungen im Grafikbereich ein- bzw. ausgeblendet werden. (Alternativ: *RMT auf eine freien Bereich der Funktionsleiste*)

Mit Hilfe der Befehle *Ansicht* ⇨ *Geometrie, Spezifikation und Kompass* können diese Elemente im Grafikbereich ein- oder ausgeblendet werden.

Unter *Ansicht* ⇨ *Kompass zurücksetzen* oder durch Verschieben des Kompasses auf das Koordinatensystem, kann der Kompass nach der Verwendung wieder an das Koordinatensystem angepasst werden.

 ALLES EINPASSEN passt die aktuelle Ansicht ein, sodass das gesamte CAD-Modell im Geometriebereich dargestellt wird.

Der Befehl BEREICH ZOOMEN kann genutzt werden, um einen bestimmten Bereich mit Hilfe eines Rahmens zu selektieren und vergrößern.

 Mit der Funktion SCHWENKEN wird das CAD-Modell im Grafikbereich verschoben.

 Die Funktion DREHEN dient dazu, mit Hilfe der Rotationskugel, die das Objekt umgibt, das Modell um den Rotationskugelmittelpunkt zu drehen.

 Über VERGRÖßERN bzw. VERKLEINERN kann die Darstellung um einen festgesetzten Intervallschritt vergrößert oder verkleinert werden.

 Das Drehen, Verschieben und Vergrößern bzw. Verkleinern des CAD-Modells im Grafikbereich erfolgt jedoch deutlich schneller über die Maus und deren Tastenkombination (s. 1.5).

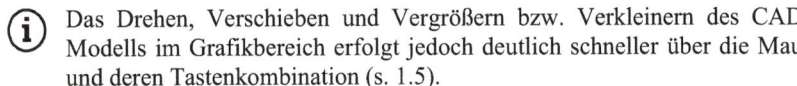

Mit Hilfe des Befehls SENKRECHTE AN-SICHT wird das Objekt senkrecht in die selektierte Fläche gedreht.

 Diese Funktion kann zudem im Skizziermodus sehr hilfreich sein, um zur ursprünglichen Ansichtsorientierung zurückzukehren.

Weiterhin ist eine MEHRFACHANSICHT durch Teilung des Grafikbereiches möglich.

Jede Ansicht kann separat gedreht und gezoomt werden. Auch die Modellierung innerhalb der Ansichten ist möglich.

 Die Konfiguration der Mehrfachansichten ist unter *Ansicht* ⇨ *Navigationsmodus* ⇨ *Mehrfachansichten* anpassen möglich.

 Über BENANNTE ANSICHTEN oder über die Untersymbolleiste SCHNELLANSICHT können vordefinierte Ansichten gewählt werden.

Des Weiteren können aktuelle Ansichten durch Hinzufügen im Dialogfenster BENANNTE AN-SICHTEN als individuelle Ansichten gespeichert werden.

Wiedergabemodus

Der Wiedergabemodus kann sich einerseits in der Textur, dem Anzeigemodus, der Geometrieoberfläche und andererseits in der Perspektive unterscheiden. Einstellungen hierzu werden über Ansicht ⇨ Wiedergabemodus oder in der Symbolleiste ANSICHT vorgenommen.

 Schattierung der reinen Volumengeometrie

 Schattierung der Volumengeometrie mit Darstellung aller Kanten

 Schattierung der Volumengeometrie mit Darstellung der spitzen Kanten ohne Berücksichtigung der stumpfen Kanten. Eine stumpfe Kante zeichnet sich dadurch aus, dass sie keine Unterbrechung in der Geometrie definiert.

 Schattierung der Volumengeometrie mit sichtbaren und verdeckten Kanten

 Schattierung der Volumengeometrie anhand des Materials, das auf die Geometrie angewendet wurde

 Darstellung der Geometrie im Drahtmodellmodus. Basiert ausschließlich auf der Darstellung der Kanten des Objektes.

 Die Option ermöglicht dem Anwender, individuelle Ansichtsparameter in einer definierten Ansicht zu bestimmen.

Die Art der Perspektive variiert zwischen einer parallelen und einer perspektivischen Ansicht.

Parallelansicht　　　**Perspektivansicht**

Sichtbarer und nicht sichtbarer Bereich

Die Benutzungsoberfläche ist in zwei Bereiche eingeteilt, einen sichtbaren und einen verdeckten Bereich. Im letzteren findet man alle geometrischen Elemente oder Anzeigen, welche von Nutzer:innen absichtlich oder vom System automatisch verdeckt wurden.

 Mit der Funktion SICHTBAREN RAUM UM-SCHALTEN kann zwischen dem sichtbaren und dem unsichtbaren Bereich gewechselt werden.

 Mit dem Button oder über das Kontextmenü (RMT) VERDECKEN/ANZEIGEN können selektierte Elemente in den unsichtbaren Bereich verschoben oder aus ihm wieder in den sichtbaren Bereich verschoben werden.

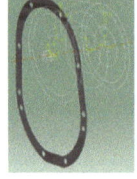

**Sichtbarer   Unsichtbarer
Bereich   Bereich**

Beleuchtung

Die Beleuchtung des Modells kann mit der Funktion *Ansicht* ⇨ *Beleuchtung* individuell angepasst werden. Mit Hilfe des Dialogfensters Lichtquellen kann zwischen keiner Beleuchtung, einem einzelnen Licht, zwei Lichtern oder Leuchtstoffröhrenlicht unterschieden werden.

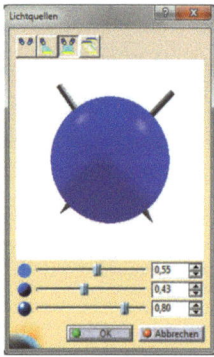

Die Kugel zeigt die aktuelle Beleuchtungsrichtung an, die durch das Ziehen des Steuerelementes um die Kugel individuell und sofort sichtbar geändert wird. Die Intensität (Umgebung), die Streuung und die Reflexion des Lichtes auf dem Objekt können mit Hilfe der Schieberegler variiert werden.

(i) Das Leuchtstoffröhrenlicht eignet sich sehr gut zur schnellen Überprüfung der Stetigkeiten von Freiformflächen.

Mit Hilfe des Tiefeneffektes (*Ansicht* ⇨ *Tiefeneffekt*) können zwei Ebenen definiert werden, die sowohl nah als auch fern als „Abschneideebene" dienen. Geometrie, die zwischen den beiden vertikalen Ebenen dargestellt wird, ist uneingeschränkt sichtbar.

Grafikeigenschaften

Die Darstellung der Füllfarbe, der Transparenz, der Linienstärke, der Linienart, der Darstellung von Punkten und des Wiedergabemodus eines Modells kann in dieser Reihenfolge in der Symbolleiste GRAFIKEIGEN-SCHAFTEN konfiguriert werden.

Die Grafikeigenschaften eines Geometriemodells können über *Bearbeiten* ⇨ *Eigenschaften*, über *RMT auf die Geometrie* ⇨ *Eigenschaften* oder über die Symbolleiste GRAFIKEIGENSCHAFTEN definiert werden.

Die Symbolleiste GRAFIKEIGENSCHAFTEN muss dazu in den meisten Fällen erst aktiviert werden.

⇨ *Ansicht* ⇨ *Symbolleiste bzw. RMT auf den freien Bereich der Funktionsleiste* ⇨ *Grafikeigenschaften aktivieren*

(i) Um die Grafikeigenschaften eines Modells zu ändern, muss *vorher die zu verändernde Geometrie angewählt* werden. Das können einzelne Flächen oder auch die gesamte Geometrie sein.

Leistung

Um eine wirklichkeitsnahe Bauteildarstellung zu erhalten, sollte auch die Anzeigeleistung angepasst werden. Dies ist insbesondere für kleinere Bauteile wichtig.

⇨ *Tools* ⇨ *Optionen* ⇨ *Allgemein* ⇨ *Anzeige*

⇨ *Registerkarte Leistung* ⇨ *Proportional*

Die Schieberegler können je nach zur Verfügung stehender Hardware eingestellt werden. Ein kleiner Wert steht hier für eine höhere Genauigkeit der Darstellung.

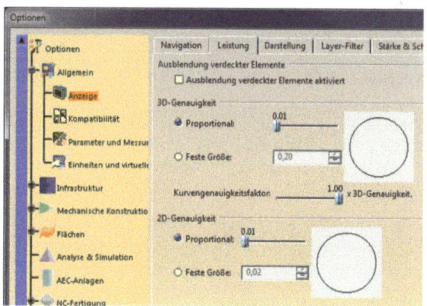

1.8 Kontrollfragen

1. Aus welchen Bereichen besteht die Benutzungsoberfläche?
2. Wozu dient der Strukturbaum?
3. Wie können Parameter und Beziehungen im Strukturbaum sichtbar gemacht werden?
4. Wie wird zwischen sichtbarem und unsichtbarem Bereich gewechselt?

2 Arbeiten mit CAD-Modellen

In diesem Kapitel werden die Grundlagen des Arbeitens mit CAD-Modellen in CATIA V5 erläutert. Dazu zählen neben der Struktur von CAD-Modellen auch das Arbeiten mit Geometrieelementen, Körpern und geometrischen Sets, Booleschen Operationen und Skizzen.

2.1 Struktur von CAD-Modellen

Ein Produkt stellt in der Regel eine Baugruppe (Product) dar, welche aus mehreren Unterbaugruppen (Products) oder Einzelteilen (Parts) besteht.

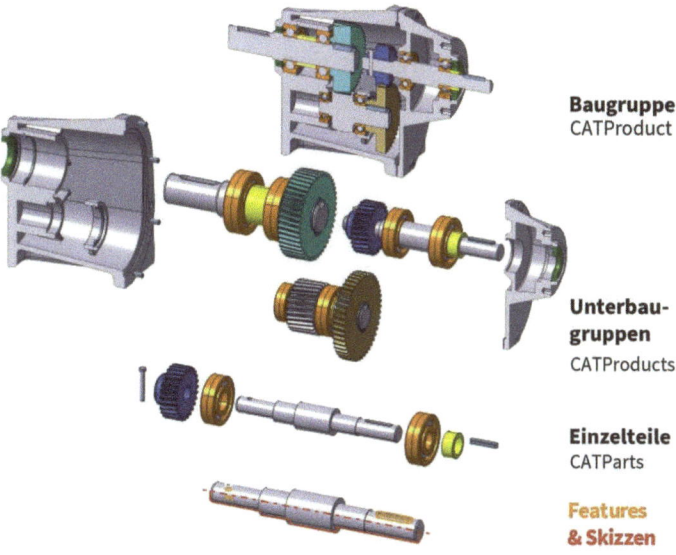

Baugruppe
CATProduct

**Unterbau-
gruppen**
CATProducts

Einzelteile
CATParts

**Features
& Skizzen**

Bei der Modellierung eines Einzelteils wird dieses durch die Kombination verschiedener Formelemente erzeugt.

Ein strukturiertes und konsistentes CAD-Modell bildet die Basis für die durchgängige Entwicklung eines Produktes, insbesondere wenn über einen längeren Zeitraum mehrere Personen bzw. Abteilungen an und mit dem Modell arbeiten. Auf die Strukturierung sollte bereits bei der Erstellung eines Modells geachtet werden.

Ergänzende Information Die elektronische Version dieses Kapitels enthält Zusatzmaterial, auf das über folgenden Link zugegriffen werden kann https://doi.org/10.1007/978-3-658-50023-8_2.

© Der/die Autor(en), exklusiv lizenziert an
Springer Fachmedien Wiesbaden GmbH, ein Teil von Springer Nature 2026
M. Schabacker (Hrsg.), *CATIA V5 – kurz und bündig*,
https://doi.org/10.1007/978-3-658-50023-8_2

2.2 Körper und geometrische Sets

Körper und geometrische Sets dienen dazu, ein Modell zu strukturieren. In ihnen können verschiedene Elemente abgelegt werden.

Über *Einfügen* ⇨ ... können Körper und geometrische Sets erstellt werden.

 Ein KÖRPER dient in erster Linie der Erstellung von Volumengeometrie. Diese kann nur in einem Körper erzeugt werden. Verschiedene Körper können mit Hilfe von Booleschen Operation miteinander kombiniert werden.

 Wird ein KÖRPER IN EINEM SET eingefügt, erfolgt die Abfrage nach dem Stammelement und den Komponenten. Somit kann ein Körper auch innerhalb eines geordneten geometrischen Set erzeugt werden.

 In einem GEOMETRISCHEN SET können unterschiedliche Elemente in einem Set zusammengefasst werden, wobei die Reihenfolge der von dem geometrischen Set beinhalteten Elemente nicht von Bedeutung ist. In einem Set können auch weitere geometrische Sets erzeugt werden. Geometrische Sets eignen sich eher zur Gruppierung von z. B. Ebenen, Linien oder Flächen.

 Eine Alternative zum geometrischen Set ist das GEORDNETE GEOMETRISCHE SET. Dieses stellt ebenfalls eine Untergruppe bzw. einen Container dar. Allerdings spielt hierbei die Reihenfolge der erzeugten Elemente eine wichtige Rolle. Wird bspw. eine Linie aus zwei Punkten erzeugt, so steht die Linie im Strukturbaum immer unter den Punkten. In einem geometrischen Set kann die Linie in der Reihenfolge vor die Punkte verschoben werden.

Weiterhin können Elemente in einem geordneten geometrischen Set als aktuell definiert werden (*RMT* ⇨ *Objekt in Bearbeitung definieren*). In diesem Fall werden alle nachfolgenden Features ausgeblendet und neue Features direkt unter dem als aktuell definierten eingefügt.

Es ist zudem auch möglich Parameter und Formeln in geordneten geometrischen Sets abzulegen.

 Volumengeometrie kann in beiden geometrischen Sets nicht erzeugt werden.

Wird ein Körper in einem Set oder ein Set eingefügt, so kann neben dem Namen ein Stammelement, also ein übergeordnetes Element, und Komponenten gewählt werden. Somit können auch bereits erstellte Elemente dem Körper oder dem Set hinzugefügt werden.

Körper und geometrische Sets lassen sich nicht beliebig miteinander kombinieren. Nur geordnete geometrische Sets können in Körper vorhanden sein und Körper beinhalten.

Geometrische Sets können neben Geometrieelementen nur andere geometrische Sets aufnehmen.

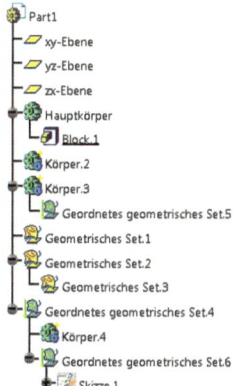

 Mit der Funktion IN NEUEN KÖRPER EINFÜGEN können Features innerhalb ihres Körpers in einen neuen Körper eingefügt werden. Somit kann im Nachhinein das Modell neu strukturiert werden.

Sollen neue Elemente direkt beim Erstellen in den richtigen Sets bzw. Körper abgelegt werden, so müssen diese in Bearbeitung definiert werden.

⇨ *RMT* ⇨ *Objekt in Bearbeitung definieren*

Alternativ kann dazu auch das Drop-Down-Menü der Symbolleiste Tools im unteren rechten Bereich der Benutzungsoberfläche verwendet werden.

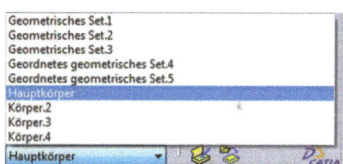

2.3 Boolesche Operationen

Mit Hilfe von Booleschen Operationen können verschiedene Körper miteinander kombiniert werden.

Über *Einfügen* ⇨ *Boolesche Operationen* können die Operationen ausgewählt werden. Alternativ erfolgt die Auswahl über die dazugehörige Symbolleiste im Part Design. Es stehen folgende Boolesche Operationen zur Verfügung.

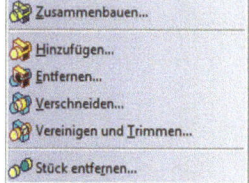

ZUSAMMENBAUEN

Durch diese Operation wird ein Körper in einen anderen Körper eingefügt und vereinigt. Mit dieser Operation können auch Körper subtrahiert werden, wenn diese als Abzugskörper definiert sind.

HINZUFÜGEN

Durch diese Operation wird ein Körper in einen anderen Körper eingefügt und vereinigt.

ENTFERNEN

Diese Operation entfernt einen Körper vom anderen.

VERSCHNEIDEN

Mit Hilfe dieser Operation wird die Schnittmenge zweier Körper gebildet.

 VEREINIGEN UND TRIM-MEN

Durch diese Operation ist es möglich, selektierte Teilflächen bei der Vereinigung von Körpern zu entfernen.

 STÜCK ENTFERNEN

Mit dieser Operation können Körper verändert werden, indem zu entfernende und beizubehaltende Flächen definiert werden.

Beispiele zur Anwendung der Booleschen Operationen werden bei der Modellierung der abtriebsseitigen Hälfte des Getriebegehäuses (s. Abschnitt 3.9) und in Abschnitt 7.1 gegeben.

2.4 Sketcher

Die Modellierung von Volumenmodellen erfolgt in CATIA V5 fast ausschließlich unter der Verwendung von zweidimensionalen Skizzen, welche in der SKIZZIERUMGEBUNG (Sketcher) erstellt und bearbeitet werden.

Viele Folgeoperationen, wie Blöcke, Taschen oder Bohrungen, basieren auf solchen Skizzen. Dieses Kapitel dient als Einführung in den Skizziermodus und soll den Umgang mit den gängigen Operationen schulen.

Die Operation Skizze steht in mehreren Umgebungen zur Verfügung. Die Skizze wird in diesem Buch im Part Design und im Generative Shape Design verwendet. Die in diesem Kapitel beschriebenen Grundlagen und Funktionen sind unabhängig von der gewählten Umgebung und können in verschiedenen Umgebungen verwendet werden.

Für das Arbeiten mit Skizzen sollten einige Grundregeln beachtet werden:

- Skizzen sollten immer so einfach wie möglich gehalten werden. Durch geschickte Verwendung von Zwangsbedingungen, Referenzgeometrie und Symmetrien kann die Komplexität von Skizzen reduziert werden.

- Skizzen sollten immer vollständig bestimmt sein.

- Skizzen sollten nur für die Modellierung der Grundform eines Bauteils genutzt werden. Details wie Fasen, Verrundungen, Bohrungen, Taschen und Nuten sollten als separate Formelemente erzeugt werden. Anpassungen und Änderungen sind somit einfacher durchzuführen.

Arbeiten in der Skizzenumgebung

Bei der Erstellung einer Skizze wird die Kontur zunächst mit Hilfe der Profilfunktionen grob skizziert. Anschließend wird diese Kontur mittels Bedingungen in die gewünschte geometrische Form gebracht. Beispielsweise werden parallele Linien als solche definiert. Danach werden die Bemaßungen der erstellten Kontur erzeugt. Dabei wird die Skizze sofort nach der Definition einer Bedingung bzw. eines Maßes geändert und aktualisiert.

Dieser Ablauf und die dabei nutzbaren Funktionen werden in den folgenden Abschnitten erläutert.

Zum Ausführen der folgenden Schritte wird ein neues Part erstellt und mit dem Namen Sketcher.CATPart versehen. Dabei wird in der Umgebung Part Design gearbeitet.

 Datei ⇨ Neu... ⇨ Part ⇨ OK

 Start ⇨ Mechanische Konstruktion ⇨ Part Design

 Nach der Auswahl der Funktion SKIZZE wird eine Platzierungsebene benötigt. Dabei kann auf eine der vordefinierten Ebenen (z. B. *xy-Ebene*) zurückgegriffen werden. Die Auswahl der Ebene kann im Grafikbereich oder im Strukturbaum mittels LMT erfolgen.

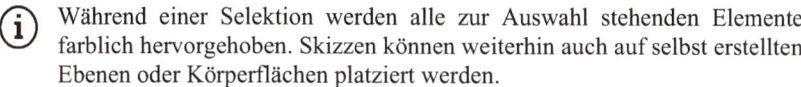 Während einer Selektion werden alle zur Auswahl stehenden Elemente farblich hervorgehoben. Skizzen können weiterhin auch auf selbst erstellten Ebenen oder Körperflächen platziert werden.

Der Skizzenmodus wird gestartet und die gewählte Ebene oder Fläche senkrecht ausgerichtet. Alle Konfigurationen des Grafikbereiches stehen im selben Umfang zur Verfügung (s. Abschnitt 1.7).

Die Ansicht kann mittels der bereits bekannten Steuerung der Maus gedreht und verschoben werden. Mit der Funktion SENKRECHTE Ansicht wird die Ansicht wieder senkrecht zur gewählten Ebene ausgerichtet. Ist die Ansichtsebene bereits ausgerichtet, so dreht die Funktion die Ansicht um 180°.

Im Skizzenmodus werden am Ursprung des Koordinatensystems zwei gelbe Vektoren (H und V) angezeigt, welche die horizontale und die vertikale Orientierung der Skizze angeben.

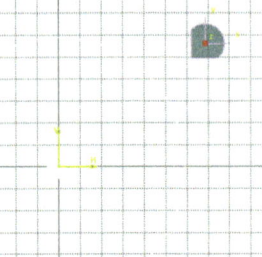

 Die Ausrichtung dieser Vektoren kann nach der Skizzenerstellung geändert werden. Aus diesem Grund ist die Verwendung dieser Vektoren für die Definition von Bemaßungen und Bedingungen nicht zu empfehlen.

Bemaßungen und Bedingungen sollten daher an den Ebenen definiert werden, da diese in jedem Fall ortsfest sind.

 Eine Alternative zur Skizze ist die POSITIONIERTE SKIZZE. Hierbei ist es möglich neben der Referenz, also der Ebene oder der Fläche auf der die Skizze platziert wird, den Ursprung der Skizze explizit zu wählen. Weiterhin kann auch die Ausrichtung der horizontalen und vertikalen Skizzenvektoren geändert werden.

 Beide Skizzenarten bieten innerhalb der Skizzenumgebung die gleichen Funktionen.

Skizziertools

Während des Aufbaus einer Skizze bietet die Symbolleiste SKIZZIERTOOLS viele Unterstützungsmöglichkeiten.

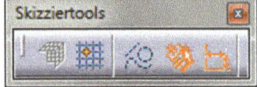

Diese Toolleiste wird während des Ausführens einer Anwendung um unterschiedliche Funktionen erweitert. Die Basisfunktionen sind:

 AN PUNKT ANLEGEN   Aktivieren bzw. Deaktivieren des Rasterfangs

 KONSTRUKTIONS-/   Umwandeln von Standardelementen zu Kon-
STANDARDELEMENT   struktionselementen

![icon]	GEOMETRISCHE BEDINGUNGEN	Wenn die Funktion aktiviert ist, werden beim Zeichnen eines Profils automatisch Bedingungen durch das System erzeugt.
![icon]	BEMAßUNGSBEDINGUNGEN	Wenn die Funktion aktiviert ist, werden beim Zeichnen eines Profils automatisch Maße durch das System erzeugt, sofern die Maße in die Wertefelder der Symbolleiste eingetragen werden.

(i) Konstruktionselemente dienen lediglich der Erzeugung und Bemaßung von komplizierten Skizzen. Aus ihnen wird in weiteren Operationen keine Geometrie erzeugt. Konstruktionselemente werden durch graue, gestrichelte Linien dargestellt und sind in der 3D-Umgebung nicht mehr sichtbar.

Benutzerauswahlfilter

Bei der Erstellung von Skizzen und deren Bemaßung kann es hilfreich sein nur die Auswahl von verschiedenen Objekten zu filtern.

Dabei stehen in der Symbolleiste BENUTZERAUSWAHLFILTER die folgenden Optionen zur Verfügung:

![icon]	PUNKTFILTER	Nur Auswahl von Punkten möglich
![icon]	KURVENFILTER	Nur Auswahl von Kurven möglich
![icon]	FLÄCHENFILTER	Nur Auswahl von Flächen möglich
![icon]	VOLUMENFILTER	Nur Auswahl von Volumenkörpern möglich

Darstellung

Bei der Erstellung von Skizzen und deren Bemaßung ist es zusätzlich nützlich die Darstellung der im Skizzierer zu verändern.

In der Symbolleiste DARSTELLUNG stehen u. a. folgende Funktionen zur Verfügung. Die Symbolleiste ist standardmäßig in der unteren Funktionsleiste finden.

![icon]	PUNKTFILTER	Ein- bzw. Ausblenden des Hilfsrasters
![icon]	TEIL DURCH SKIZZIERER-EBENE SCHNEIDEN	Stellt das Bauteil durch die Skizzierer-Ebene geschnitten dar

	NORMAL	Wenn die Funktion aktiviert ist, wird 3D-Geometrie sichtbar im Skizzierer dargestellt.
	NORMALE HELLIGKEIT	3D-Geometrie wird abgedunkelt im Skizzierer dargestellt.
	KEIN 3D-HINTERGRUND	Im Skizzierer wird keine 3D-Geometrie dargestellt.
	DIAGNOSE	Ist die Funktion aktiviert, werden die Bedingungen einer Skizze in verschiedenen Farben angezeigt.
		Weiße Geometrieelemente weisen noch einen oder mehrere Freiheitsgrade auf.
		Grüne Linien weisen auf einen geschlossenen, vollständig bemaßten Konturenzug hin.
		Werden eine oder mehrere Elemente lila dargestellt, so weist die Skizze zu viele oder widersprüchliche Bedingungen auf.
		Diese Funktion sollte immer aktiviert sein.
	BEMAßUNGSBEDINGUNGEN	Zeigt Bemaßungsbedingungen der Skizze an
	GEOMETRISCHE BEDINGUNGEN	Zeigt Geometrische Bedingungen der Skizze an

Profilfunktionen

Zum Erstellen einer Skizzenkontur stehen verschiedene Funktionen zur Verfügung, welche in der Symbolleiste PROFIL zusammengefasst werden. Die wichtigsten werden in den folgenden Abschnitten kurz erläutert.

 Die gebräuchlichsten Funktionen werden als fertige Features bereitgestellt, z. B. verschiedene Profile wie Rechteck, Kreis, Ellipse, Langloch, Sechseck oder Schlüsselloch.

Weiterhin verfügen viele Funktionen über weitere untergeordnete Funktionen (schwarzes Dreieck am unteren Rand).

Profil

 Zum Erstellen einer Kontur wird die Funktion PROFIL genutzt. Beim ersten freien Klicken im Raum wird dabei der Anfangspunkt festgelegt.

Durch einfaches Bewegen der Maus wird eine Linie erzeugt. Mit erneutem Klicken auf einen Raumpunkt wird die Linie dort fixiert, die Kontur aber fortgesetzt.

Zum Beenden des Profils muss entweder der Endpunkt mit dem Anfangspunkt übereinstimmen, beim Absetzen des letzten Konturpunktes doppelt geklickt werden oder die ESC-Taste betätigt werden.

Wird beim Bewegen der Maus die LMT gehalten, so wird ein Kreisbogen erzeugt. Dieser kann alternativ durch einen Dreipunktbogen oder Tangentialbogen (Skizzentools) erzeugt werden.

(i) Bei der Erstellung einer Kontur ist es empfehlenswert, ein Element nicht im Koordinatenursprung zu beginnen, da diese Bedingung hinterher nicht mehr entfernt werden kann. Soll sich ein Element (Punkt etc.) dennoch dort befinden, so kann nachträglich eine Bedingung hinzugefügt werden.

Rechteck

 RECHTECK

Der erste Punkt legt einen Eckpunkt des Rechtecks und der zweite den gegenüberliegenden Eckpunkt fest.

 AUSGERICHTETES RECHTECK

Der erste Punkt legt einen Eckpunkt und der zweite den angrenzenden Eckpunkt fest.

Von dieser Linie aus wird nun das Rechteck aufgespannt und mit erneutem Klicken fixiert.

 LANGLOCH

Es wird zuerst die Ausrichtung und Länge des Langlochs definiert, anschließend der Radius.

 ZYLINDRISCHES LANGLOCH

Der erste Punkt legt die Grundkurve des Langlochs fest, der zweite die Länge auf dem Kreisbogen und der dritte Punkt den Radius.

SCHLÜSSELLOCHPROFIL

Der erste Punkt definiert die Position im Raum, der zweite die Länge, der dritte den Radius des unteren Kreisbogens und der vierte Punkt den Radius des oberen Kreisbogens.

SECHSECK

Der erste Punkt definiert einen Mittelpunkt und der zweite Punkt legt Größe und Ausrichtung fest.

Kreis

KREIS — Die Funktion Kreis wird durch einen Mittelpunkt und die Festlegung des Durchmessers definiert.

DREIPUNKTKREIS — Dieser Kreis wird durch drei Punkte definiert.

Punkt

PUNKT — Über die Funktion Punkt können Punkte im Raum durch freie Positionierung in der Ebene oder durch die Eingabe von Koordinaten erzeugt werden.

ÄQUIDISTANTE PUNKTE — Mit der Funktion Äquidistante Punkte werden nach Anwählen einer Linie auf dieser mehrere Punkte im gleichen Abstand erzeugt. Die Anzahl der Punkte kann anschließend im Kontextmenü verändert werden.

SCHNITTPUNKT — Ein Punkt am Schnittpunkt zweier Kurven wird über die Funktion Schnittpunkt und das Auswählen der jeweiligen Kurven definiert.

Linie

LINIE — Eine Linie wird durch Festlegen des Anfangs- und Endpunktes erzeugt, jeweils durch Klicken auf einen Punkt im Raum (LMT).

BITANGENTIALE LINIE — Um zwei Kreisbögen mit einer Linie zu verbinden, steht die Funktion Bitangentiale Linie zur Verfügung. Hier werden nacheinander die zu verbindenden Kreisbögen angewählt.

UNENDLICHE LINIE — Weitere Funktionen sind die Erzeugung einer unendlichen Linie, wobei nach Aktivierung der Funktion in den Skizziertools zwischen horizontal, vertikal oder mit Winkel umgeschaltet werden kann.

SYMMETRIELINIE — Die Funktion Symmetrielinie erzeugt nach dem Anwählen von zwei bereits vorhandenen Linien eine Symmetrielinie.

LINIE SENKRECHT ZUR KURVE

Über Linie senkrecht zur Kurve erzeugt man eine Linie, indem als erstes der Endpunkt dieser Linie festgelegt wird und anschließend der zugehörige Kreisbogen angewählt wird. Die Linie wird automatisch so verschoben, dass sie sich senkrecht zur Kurve befindet.

Spline

 SPLINE

Über die Funktion Spline wird bei jedem Mausklick ein neuer Punkt erzeugt. Alle Punkte sind miteinander verbunden. Somit entsteht ein beliebig langer Spline mit variablem Verlauf. Die einzelnen Punkte können anschließend frei im Raum verschoben werden.

 VERBINDEN

Mit der Funktion Verbinden wird an den ausgewählten Endpunkten zweier Linien eine tangentenstetige Verbindungslinie erzeugt. Die Ausrichtung dieses Splines kann nach der Erzeugung verändert werden:

Anwählen des Splines durch Doppelklicken – Umkehren der Ausrichtung durch Klicken auf einen Pfeil oder direkt im Kontextmenü über „Richtung umkehren".

Profiloperationen

Bereits erzeugte Geometrien können im Nachgang weiter bearbeitet werden. Hierzu steht eine Reihe von Funktionen zur Verfügung, welche über die Symbolleiste OPERATION aufgerufen werden kann.

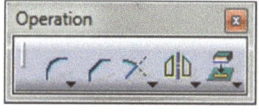

 ECKE

Zum Erstellen einer Verrundung werden zwei Linien, welche die zu bearbeitende Ecke einschließen, selektiert. Die Art der Trimmung kann in den Skizziertools bestimmt werden.

 FASE

Das Erstellen einer Fase erfolgt analog zur Verrundung.

TRIMMEN

Überschneiden sich zwei Linien, so kann durch die Auswahl beider Linien und Aktivierung der Funktion Trimmen der überflüssige Teil der Linien entfernt werden. Der angewählte Bereich der Linie bleibt bestehen.

 AUFBRECHEN

Mit der Funktion Aufbrechen kann eine Linie in zwei Abschnitte geteilt werden. Hierzu muss zuerst die aufzubrechende Linie und anschließend ein schneidendes Element ausgewählt werden. Beide Teile der Linie bleiben dabei erhalten.

 SCHNELLES TRIMMEN

Die Funktion Schnelles Trimmen ermöglicht ein schnelles Abtrennen von überflüssigen Enden einer Linie, indem einfach das abzutrennende Ende der Linie angewählt wird.

 SCHLIEßEN

Mit der Funktion Schließen kann ein Kreisbogen zu einem vollständigen Kreis umgewandelt werden.

 ERGÄNZEN

Die Funktion erzeugt ähnlich wie beim Schließen das fehlende Kreissegment, jedoch wird dabei das vorhandene Segment gelöscht.

 SPIEGELN

Soll eine symmetrische Kontur erzeugt werden, so reicht es, eine Seite der Kontur zu erzeugen und anschließend über die Funktion Spiegeln die andere Seite zu generieren. Hierzu ist es notwendig, vorher eine Spiegelungsachse zu erzeugen.

 3D-ELEMENTE PROJIZIEREN

Möchte man die Kontur eines bereits vorhandenen 3D-Körpers in die Skizze mit übernehmen, so kann mit dieser Funktion eine Abbildung dieser Kontur auf der Skizzierebene erzeugt werden.

Hierzu die Funktion aktivieren und die gewünschte Geometrie anklicken.

Geometrische Bedingungen und Bemaßungsbedingungen

Um eine Skizzenkontur vollständig zu definieren, werden *geometrische Bedingungen* und *Bemaßungsbedingungen* verwendet.

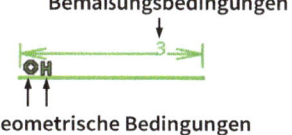

Folgende geometrischen Bedingungen sind verfügbar:

H	HORIZONTAL	Eine Linie wird als horizontal bzgl. des Skizzenkoordinatensystems definiert.
V	VERTIKAL	Eine Linie wird als vertikal bzgl. des Skizzenkoordinatensystems definiert.
◎	KONGRUENT	Zwei Elemente (z. B. Punkte) werden zueinander als kongruent (zusammenfallend) definiert.
◎	KONZENTRIZITÄT	Zwei Kreis- oder Bogenelemente werden zueinander als konzentrisch definiert.
⚓	FIXIERT	Die aktuelle Position eines Elements auf der Skizzenebene wird als fixiert definiert.
HH	PARALLEL	Zwei Elemente (z. B. Linien) werden zueinander als parallel definiert.
⌐	RECHTWINKLIG	Zwei Elemente (z. B. Linien) werden zueinander als senkrecht definiert.
=	TANGENTENSTETIG	Zwei Elemente werden zueinander als tangentenstetig definiert.
⟊	SYMMETRISCH	Zwei Elemente werden zueinander als symmetrisch definiert. Hierzu muss zusätzlich eine Spiegelungsachse gewählt werden.
⮄	MITTELPUNKT / ÄQUIDISTANTE PUNKTE	Punkt, der mittig bzw. Punkte, die in identischen Abständen auf einem Bezugselement liegen (z. B. Mittelpunkt auf einer Linie)

Bei den geometrischen Bedingungen kann zwischen *implizit* und *explizit* unterschieden werden. *Implizite* Bedingungen werden vom System aufgrund von Voreinstellungen automatisch und *explizite* Bedingungen vom Anwender manuell gesetzt.

Die Erstellung der impliziten geometrischen Bedingungen kann über *Skizziertools* ⇨ *Geometrische Bedingungen* deaktiviert und aktiviert werden. Wenn diese Funktion aktiviert ist, wird diese orange dargestellt.

Die Erstellung von impliziten geometrischen Bedingungen kann auch über Halten der Shift-Taste temporär unterbunden werden.

Die Voreinstellungen der impliziten Bedingungen können alternativ auch dauerhaft über *Tools* ⇨ *Optionen* ⇨ *Mechanische Konstruktion* ⇨ *Sketcher* ⇨ *Intelligente Auswahl* geändert werden.

 Zum Anwenden der Bedingungen werden mit der Funktion PROFIL vier Linien erstellt. Dabei müssen die Eckpunkte im Geometriebereich platziert werden. Beim freien Navigieren der Punkte werden die impliziten Randbedingungen automatisch angezeigt. Mit der ESC-Taste wird die Funktion beendet.

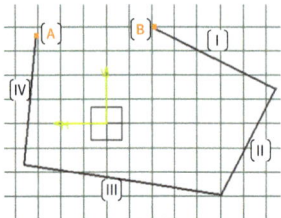

Für die *explizite Definition von Bedingungen* stehen in der Symbolleiste BEDINGUNG zwei Funktionen zur Auswahl.

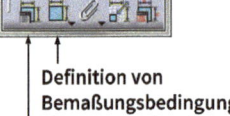

Mit der Funktion IM DIALOGFENSTER DEFI-NIERTE BEDINGUNGEN (1) lassen sich ausschließlich geometrische Bedingungen über ein Dialogfenster erzeugen.

Definition von Bemaßungsbedingungen
über RMT auch Definiton von geom. Bedingungen

Mit der Funktion BEDINGUNG (2) können sowohl Bemaßungsbedingungen als auch geometrische Bedingungen erzeugt werden.

Definition von geometrischen Bedingungen
über Dialogfenster

 Im Folgenden wird zunächst die Funktion IM DIALOGFENSTER DEFINIERTE BEDINGUNGEN erläutert.

Durch eine Mehrfachauswahl (*Auswahl von zwei Elementen bei gedrückter Strg-Taste*) von Punkt a und Punkt b wird die Funktion in der Symbolleiste auswählbar. Hier können die gewünschten geom. Bedingungen selektiert werden.

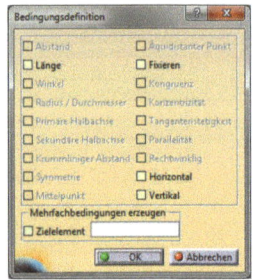

Es wird die gewünschte geometrische Bedingung *Kongruenz* ausgewählt und das Dialogfeld bestätigt. Dadurch fallen die Punkte (A) und (B) zusammen.

Auf diesem Weg können alle geometrischen Bedingungen erstellt werden.

Über den Befehl WIDERRUFEN kann die gesetzte Bedingung rückgängig gemacht werden.

 Die Funktion BEDINGUNG dient in erster Linie dazu Bemaßungsbedingungen zu erzeugen. Sie bietet aber auch eine alternative Möglichkeit zum Erstellen von geometrischen Bedingungen. Nach dem Aktivieren der Funktion werden die Punkte (A) und (B) selektiert und anschließend mit der rechten Maustaste das Kontextmenü aufgerufen. Die gewünschte Bedingung kann nun ausgewählt werden (*Kongruenz*).

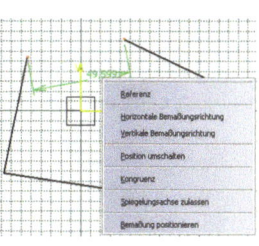

(i) Durch einen vorzeitigen *Klick der linken Maustaste* wird die dargestellte Bemaßungsbedingung erzeugt. Mit einem wiederholten *Doppelklick* auf das Maß kann es verändert werden.

Mit Hilfe der beiden vorgestellten Funktionen kann der Profilzug vervollständigt werden. Ziel ist die Erstellung eines Rechtecks (30mm x 50mm), wobei die Linien (III) und (IV) kongruent zur *zx-Ebene* bzw. zur *yz-Ebene* liegen sollen.

 Dazu sind nach dem Erzeugen der Bedingung Kongruenz zwischen den Punkten a und b die horizontalen bzw. vertikalen Linien festzulegen. Dabei soll die Funktion BEDINGUNG genutzt werden.

⇨ *Auswahl einer Linie ⇨ RMT ⇨ Horizontal*

⇨ *Die Operation mit den übrigen Linien wiederholen*

Danach wird die Linie vier mit der yz-Ebene kongruent gesetzt. Dies erfolgt ebenfalls mit der Funktion BEDINGUNG.

⇨ *Auswahl einer Linie ⇨ Auswahl der yz-Ebene ⇨ RMT ⇨ Horizontal*

Die weiteren Bedingungen und Maße können gemäß der Aufgabe selbstständig erzeugt werden.

(i) Da die erneute Auswahl der Funktion Bedingung nach jeder erzeugten Bedingung zeitaufwendig ist, kann die Funktion auch durch einen *Doppelklick* ausgewählt werden. Somit bleibt die Funktion nach einer erzeugten Bedingung weiter aktiviert und die nächste Bedingung kann direkt erzeugt werden. Jede Funktion kann mit einem Doppelklick ausgewählt werden und bleibt somit nach der Anwendung weiterhin aktiviert.

 Wählt man ein jeweils vorhandenes Maß aus und aktiviert anschließend die Funktion BEDINGUNG ANIMIEREN, so kann für dieses Maß eine Ober- und Untergrenze festgelegt und dieses über die Play-Taste animiert werden. Auf diese Art kann das Verhalten von Maßänderungen simuliert werden.

Die Geometrie einer Skizze sollte immer vollständig bestimmt sein. Ob eine Kontur vollständig bestimmt ist, wird anhand ihrer Farbe sichtbar.

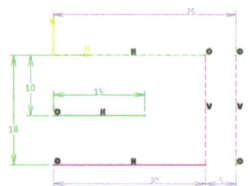

Grüne Linien weisen auf einen geschlossenen, vollständig bemaßten Konturenzug hin.

Solange Geometrieelemente noch einen oder mehrere Freiheitsgrade aufweisen, werden sie *weiß* dargestellt.

Werden eine oder mehrere Linien *lila* dargestellt, so weist die Skizze zu viele oder widersprüchliche Bedingungen auf.

 Nachdem das Rechteckprofil vollständig bestimmt wurde, ist die Erstellung der Skizze abgeschlossen und die Skizzenumgebung kann über den Befehl UMGEBUNG VERLASSEN geschlossen werden.

Erzeugen eines Schlüssellochprofils

Im Folgenden wird mit der Profilfunktion ein Schlüssellochprofil erstellt. Dazu kann ein neues Part erzeugt oder die bereits erstellte Skizze aus der vorigen Übung gelöscht werden.

 Den SKETCHER aufrufen und eine Ebene wählen, auf der die Skizze angelegt werden soll.

 Die Funktion SCHLÜSSELLOCHPROFIL aus der Funktionsleiste Profilvorgabe aktivieren.

 Als Erstes wird die Länge, anschließend der Radius des unteren Bereiches und als letztes der Radius des oberen Kreises festgelegt.

 Die dargestellten Bemaßungen und die Parallelitätsbedingung werden automatisch im unteren Bereich erzeugt.

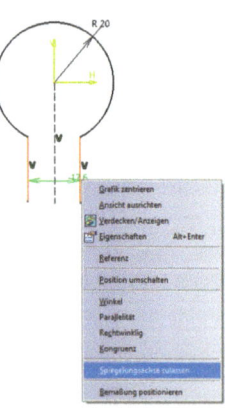

Der untere Kreisbogen kann anschließend gelöscht werden. Dadurch geht die Symmetrie verloren.

Es wird die Funktion BEDINGUNG aktiviert und die beiden parallelen Linien des Profils ausgewählt, danach *RMT* ⇨ *Spiegelungsachse zulassen* ⇨ *gestrichelte Linie anklicken.*

Das Profil ist somit wieder symmetrisch.

Die gestrichelte Linie stellt hierbei ein Konstruktionselement dar und erzeugt in folgenden Operationen keine Geometrie.

 Unterhalb des Schlüssellochs wird eine horizontale LINIE erzeugt und anschließend die Funktion BEDINGUNG aktiviert.

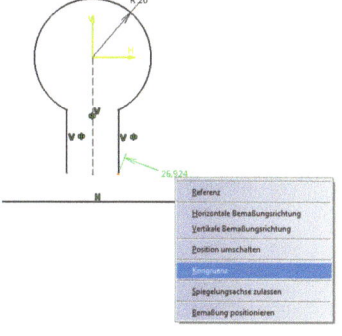

⇨ *Einen Punkt der Linie und einen Punkt des geöffneten Profils anwählen*

⇨ *RMT* ⇨ *Kongruenz*

 Die Funktion SCHNELLES TRIMMEN aufrufen und die überstehende Seite der Linie anklicken

 Über die Funktion BEDINGUNG können fehlende Maße ergänzt werden:

Bedingung ⇨ die zu bemaßenden Teile anwählen ⇨ Maß fixieren

 Durch einen Doppelklick auf die Maße können diese auf den gewünschten Wert eingestellt werden.

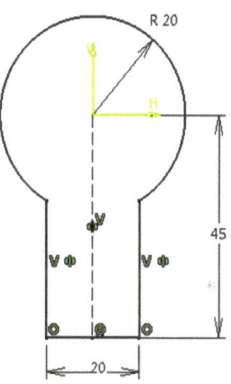

Weiterhin lässt sich über die Funktion BEDINGUNG auch die Position festlegen:

⇨ *Bedingung* ⇨ *Anwählen einer Hauptachse* ⇨ *Anwählen eines Elements des Profils (z. B. Symmetrielinie)* ⇨ *RMT* ⇨ *Kongruenz*

⇨ *Wiederholen für die andere Hauptachse*

 Das Profil ist nun vollständig und die Sketcherumgebung kann über UMGEBUNG VERLASSEN geschlossen werden.

Erzeugen und Bearbeiten einer Profilkontur

In dieser Übung soll die Erzeugung von Skizzenkonturen weiter geschult werden. Dazu wird ein neues Teil erzeugt bzw. die Skizze der vorigen Übung gelöscht und eine neue SKIZZE angelegt.

 Mit der Funktion PROFIL wird eine Kontur ähnlich der Abbildung gezeichnet. Für den Kreisbogen wird während des Ziehens der Maus die LMT gedrückt gehalten.

Bei der Auswahl der Funktion Profil, wird die Symbolleiste der Skizziertools um weitere Funktionen erweitert. Somit kann der Kreisbogen auch
über die Funktion TANGENTIALBOGEN erzeugt werden.

Weitere Funktion sind:

 LINIE   Schaltet wieder auf die Erzeugung von Linien
                                             um.

 DREIPUNKTBOGEN   Erzeugt einen Bogen durch die Definition von
                                             drei Punkten.

Zwischen diesen drei Funktionen kann innerhalb der Profilerzeugung beliebig gewechselt und somit die gewünschte Kontur schnell erzeugt werden.

 Mit der BEDINGUNG werden folgende
Operationen durchgeführt.

Linie (I) ⇨ RMT ⇨ Horizontal

Linie (II) ⇨ RMT ⇨ Vertikal

Linie (II) und der Kreisbogen ⇨ RMT
⇨ Tangentenstetigkeit

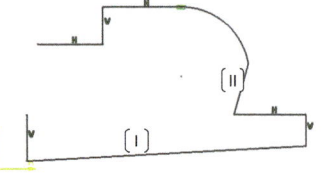

Die offene Stelle wird ebenfalls über die Funktion Kongruenz geschlossen.

 Weiterhin wird die Kontur mit der Funktion BEDINGUNG gemäß der Abbildung vervollständigt.

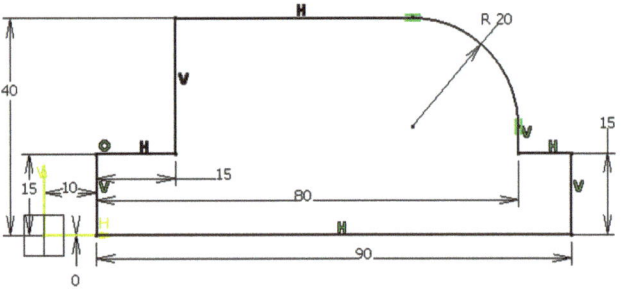

Da es für die spätere Volumenausprägung wichtig ist einen geschlossenen Profilzug zu haben, sollte schon bei der Erstellung der Skizze sorgfältig vorgegangen werden. Um die Skizze zu überprüfen, steht die Funktion SKIZZIERANALYSE zur Verfügung (*Tools ⇨ Skizzieranalyse*). Dort werden alle vorhandenen Skizzen aufgeführt. Sollte ein Profilzug nicht geschlossen sein, so wird dies hier angezeigt und die offenen Punkte der Skizze hervorgehoben.

Weiterhin stehen verschiedene Funktionen zur Verfügung, um die Skizze direkt zu bearbeiten und Fehler zu eliminieren.

 Zum Verlassen der Sketcher-Umgebung auf UMGEBUNG VERLASSEN klicken

2.5 Materialien

Das Zuweisen von Materialien dient zum einem der Vorhersage der Masse eines Bauteils. Zum anderen können die Materialeigenschaften auch in nachfolgenden Simulationen genutzt werden. Es sollte also in jedem Fall ein Material vergeben werden.

 Dazu wird die Funktion MATERIAL ZUORDNEN aufgerufen und das entsprechende Material aus der Bibliothek ausgewählt. Zum Zuordnen muss der *Hauptkörper im Strukturbaum angeklickt werden ⇨ Material zuweisen ⇨ OK*. Alternativ kann das Material auch per Drag&Drop aus der Bibliothek auf den Hauptkörper im Strukturbaum gezogen werden. Das vergebene Material wird im Strukturbaum abgelegt.

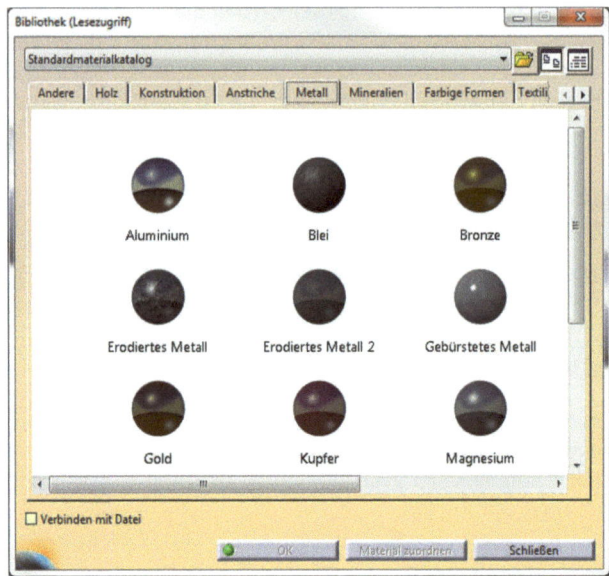

(i) Alle Materialien können individuell konfiguriert und mit spezifischen Werten, wie zum Beispiel Dichte oder E-Modul, versehen und die Darstellung
angepasst werden (*RMT auf das Material im Strukturbaum* ⇨ *Eigenschaften*).

2.6 Einfärben von Körpern und Elementen

Das Zuweisen einer Farbe dient der Unterscheidung von Bauteilen innerhalb von Baugruppen mit mehreren Einzelteilen und erfolgt über die Symbolleiste GRAFIKEIGENSCHAFTEN (s. 1.7).

Das Einfärben eines Körpers kann direkt in dem Einzelteil, aber auch in der
Baugruppe erfolgen. Zum Einfärben wird der Hauptkörper bzw. die Komponente ausgewählt und die Farbe in der Symbolleiste geändert. Ggf. muss
die Symbolleiste eingeblendet werden (*RMT auf den freien Bereich der
Symbolleisten* ⇨ *Grafikeigenschaften*).

Alternativ kann die Farbe im Einzelteil auch in den Eigenschaften des
Hauptkörpers geändert werden (*RMT* ⇨ *Eigenschaften*).

2.7 Kontrollfragen

1. Wie sind CAD-Modelle aufgebaut?
2. Worin unterscheiden sich Körper und geometrische Sets?
3. Worin unterscheiden sich geometrische Sets und geordnete geometrische Sets?
4. Wozu dienen Boolesche Operationen?
5. Was sind die wichtigsten Elemente einer Skizze?
6. Durch welche Operationen können Skizzen weiterverarbeitet werden?
7. Was sind die Grundregeln zum Erstellen einer Skizze?
8. Wozu dienen geometrische Bedingungen und Bemaßungsbedingungen?
9. Wie kann eine Skizze auf Fehler überprüft werden?
10. Wie können Materialien vergeben werden?
11. Wie können Bauteile eingefärbt werden?

3 Konstruktion eines Getriebes

In diesem Kapitel wird ein zweistufiges Getriebe modelliert. Der Fokus liegt auf Fertigkeiten in CATIA V5. Viele Bauteile sind bewusst vereinfacht oder abgewandelt, um ein breites Funktionsspektrum zu zeigen; ähnliche Teile entstehen teils auf unterschiedlichen Wegen.

In den Abschnitten 3.1 und 3.2 werden am Beispiel eines Wellendichtrings zwei grundlegende Vorgehensweisen zur Volumenmodellierung vorgestellt. In CATIA V5 wird Volumen vorwiegend auf der Basis von Skizzen erzeugt. Die Skizze kann hierbei zum einen extrudiert werden, wobei die Skizze entlang einer Richtung gezogen und ausgeprägt wird. Zum Anderen kann Volumen durch eine Rotation erzeugt werden. Hierbei wird eine Skizze um eine definierte Achse rotiert.

 Bis zur Kugellager-Konstruktion in Abschnitt 3.7 wird ausschließlich in der Umgebung des Part Designs gearbeitet. Ist die Umgebung nicht ausgewählt so kann über Start ⇨ Mechanische Konstruktion ⇨ Part Design in die Umgebung gewechselt werden. Umgebungswechsel werden jeweils erläutert.

3.1 Erzeugen eines Wellendichtrings durch Extrusion

Vorgehensweise:

   I. Erzeugen einer Extrusion basierend auf einer Skizze

  II. Erzeugen einer Tasche

 III. Verrunden bzw. Fasen der Kanten

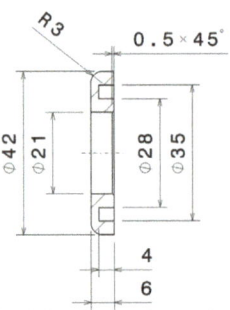

 Es wird ein neues Teil (Part) mit dem Teilenamen *RWDR_21_42* erzeugt.

Datei ⇨ Neu... ⇨ Part

Ergänzende Information Die elektronische Version dieses Kapitels enthält Zusatzmaterial, auf das über folgenden Link zugegriffen werden kann https://doi.org/10.1007/978-3-658-50023-8_3.

Eine Komponente kann mit einer Teilenummer und mit einem Teilenamen versehen werden. Die Teilenummer dient zur eindeutigen Identifizierung der Komponenten. Sie kann über die Eigenschaften des Teils im Strukturbaum verändert werden.

⇨ *RMT auf das Teil* ⇨ *Eigenschaften* ⇨ *Registerkarte Produkt* ⇨ *Teilenummer* ⇨ ***RWDR_21_42***

Die Eigenschaften können auch über *Alt* + *Enter* aufgerufen werden.

 Erzeugen einer SKIZZE auf der *xy-Ebene*

Es werden zwei beliebige KREISE im Grafikbereich erstellt.

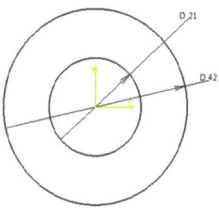

 Die Skizzenelemente nicht im Koordinatenursprung erzeugen, da in einem solchen Fall eine spätere Positionierung an einem anderen Ort nicht mehr möglich ist.

Mit LMT BEDINGUNG anwählen, dann einzeln die Kreise anklicken, über einen zweiten Klick die Bemaßung positionieren. Mit einem anschließenden Doppelklick auf die Maßzahl kann der Wert der Bemaßung (**21mm, 42mm**) verändert werden.

 Wenn die Funktion Bedingung mit einem *Doppelklick* aufgerufen wird, bleibt diese weiterhin nach der Ausführung der Aktion aktiviert.

Die Kreise können auch mit der Funktion BEDINGUNG im Kontextmenü kongruent gesetzt werden.

⇨ *Auswahl des Kreismittelpunktes und des Koordinatenursprungs* ⇨ *RMT*

⇨ *kongruent*

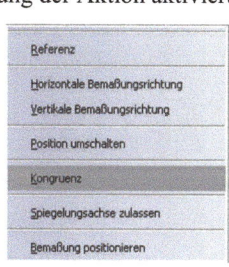

 Das gleiche Ergebnis erreicht man auch über die Bedingungsdefinition über das Dialogfenster.

 Die Skizze ist vollständig bestimmt, wenn die Elemente sowohl geometrisch im Raum bestimmt sind, als auch die Bemaßung der Skizzenelemente vollständig ist. Ist dies der Fall, wechselt die Linienfarbe der Skizzenelemente von *Weiß* auf *Grün*.

 Anschließend kann der SKETCHER VERLASSEN werden.

Eine Extrusion wird über die Funktion BLOCK erzeugt. Nach dem Aufruf muss die Skizze selektiert werden. Sie wird im Dialogfenster unter Profil eingetragen.

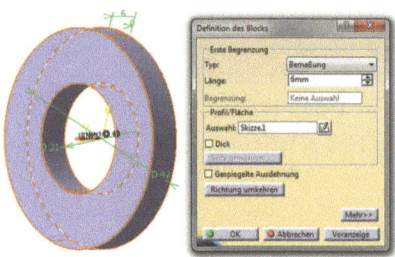

Länge ⇨ **6mm**

Anschließend kann das Dialogfeld mit OK bestätigt werden.

(i) Standardmäßig wird eine Extrusion immer senkrecht zur Skizzenebene ausgeführt. Die Extrusionsrichtung kann aber auch beliebig verändert werden.

Wählt man die Option gespiegelte Ausdehnung, so wird die Extrusion, ausgehend von der Ebene der Skizze, zu beiden Seiten ausgeführt.

Die Option *Dick* ermöglicht das Angeben eines Aufmaßes (Dünner Block) sowie der Richtung des Aufmaßes.

(i) Über den Button *Mehr>>* im Dialogfenster können erweiternde Funktionen gewählt werden. Die zweite Begrenzung ermöglicht eine Extrusion um einen definierten Wert in die Gegenrichtung.

Der Typ der Begrenzung kann zwischen *Bemaßung* (festgelegter Wert), *Bis zum nächsten* (Extrusion bis zum nächsten Objekt), *Bis zum letzten* (Extrusion bis zum letzten Objekt), *Bis Fläche* (Extrusion bis zur nächsten Fläche) oder *Bis Ebene* (Extrusion bis zur nächsten Ebene) variiert werden.

 Das Feature Tasche basiert, wie die Blockerstellung, auf einer SKIZZE.

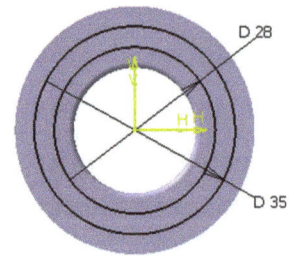

Als Grundfläche der *Skizze* wird eine der beiden Seitenflächen des Körpers ausgewählt.

Die Skizze enthält zwei konzentrische KREISE (**28mm, 35mm**). Die Geometrie ist ebenfalls zu der vorhandenen Geometrie konzentrisch.

Zur Positionierung von Skizzengeometrie können vorhandene Elemente verwendet werden. Dabei sollte aber beachtet werden, dass sich bei einer Änderung der Ausgangsgeometrie auch die Skizzengeometrie verändern kann.

 Anschließend wird die Funktion TA-SCHE aufgerufen. Nach dem Selektieren öffnet sich das Kontextmenü.

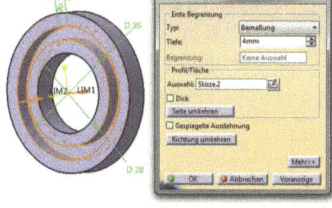

Tiefe ⇨ **4mm**

 Das Dialogfenster der Tasche ist äquivalent zur Funktion Block aufgebaut.

 Weiterhin soll eine KANTENVERRUNDUNG erzeugt werden. Nach dem Aufruf der Funktion wird eine äußere Kante ausgewählt, welche verrundet werden soll.

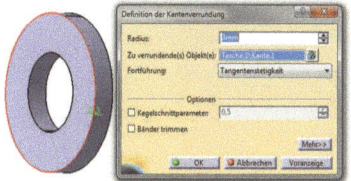

Radius ⇨ **3mm**

 Über den Button *Mehr>>* können Zusatzfunktionen gewählt werden. Diese sind z. B. bei der Kantenverrundung von mehreren Kanten erforderlich. Mit der Funktion können Kanten oder auch Flächen selektiert werden. Bei der Auswahl einer Fläche werden alle angrenzenden Kanten verrundet.

 Werden mehrere Elemente ausgewählt, können sie über die *Mehrfachselektion* angezeigt und bearbeitet werden.

Die Selektion einer Kante kann durch eine wiederholte Auswahl oder über die Mehrfachselektion aufgehoben werden.

Die FASE wird ähnlich wie die Verrundung modelliert.

Es kann ausgewählt werden, ob die Fase über zwei Längen oder einen Winkel und eine Länge definiert werden soll.

Option ⇨ **Länge1/Winkel**

Länge ⇨ **0,5mm**

Winkel ⇨ **45deg**

 Die Ausrichtung der Fase kann im Dialogfenster mit Umkehren oder durch das *Anklicken des Pfeiles* im Grafikbereich verändert werden.

Schließlich wird dem Modell die Farbe *Grün* und das Material *Gummi* zugewiesen.

 Das Bauteil wird unter dem Namen *RWDR_21_42* GESPEICHERT.

3.2 Erzeugen eines Wellendichtrings durch Rotation

Vorgehensweise:

   I. Erzeugen einer Skizze

   II. Rotation der Skizze

   III. Erzeugen der Kantenverrundung und der Fase

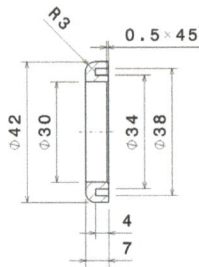

 Datei ⇨ Neu ⇨ Part

Im anschließenden Dialogfenster wird das Teil mit dem Namen
RWDR_30_42 versehen.

 Erzeugen einer SKIZZE basierend auf der *xy-Ebene*.

 Über die Funktion RECHTECK werden
zwei sich verschneidende Rechtecke
ähnlich der Abbildung erzeugt.

 Alle nicht benötigten Elemente können
durch SCHNELLES TRIMMEN entfernt
werden.

 Alternativ kann auch mit einem Profil
gearbeitet werden.

Die Skizze wird mit allen notwendigen
Maßen und Bedingungen versehen.

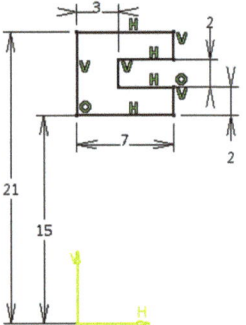

 Für die ROTATION ist eine Rotationsachse notwendig. Diese wird ebenfalls
im Sketcher erzeugt und durch die Bedingung kongruent zur *zx-Ebene* positioniert.

(i) Wird in einer Skizze eine *Rotationsachse* festgelegt, muss diese nicht mehr
während der Ausführung einer Rotation ausgewählt werden. So lässt sich
das CAD-Modell besser strukturieren.

Durch die Auswahl der Funktion WELLE und der *Selektion der Skizze* öffnet sich das Dialogfenster und eine Voranzeige der Rotation wird angezeigt.

Im Erweiterungsfeld des Features können *Aufmaßdefinitionen* festgelegt werden.

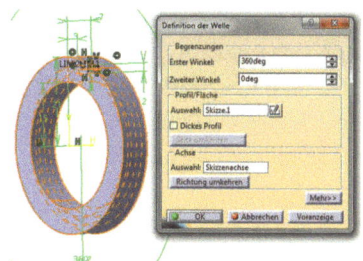

 Erzeugen einer VERRUNDUNG

Radius ⇨ **3mm**

 Erzeugen einer FASE

Länge ⇨ **0,5mm**

Winkel ⇨ **45deg**

 Zuweisen des MATERIALS *Gummi* und der Farbe *Grün*.

 SPEICHERN des Bauteils unter dem Namen *RWDR_30_42*

3.3 Erzeugen einer Hülse durch Extrusion

In den folgenden beiden Kapiteln sollen zwei Hülsen modelliert werden. Dabei wird zunächst eine der Hülsen erzeugt und aus dieser dann die andere Hülse durch das Ändern der relevanten Maße abgeleitet.

Vorgehensweise:

   I. Erzeugen einer Skizze

  II. Extrusion der Skizze

 III. Erzeugen der Fasen

$0.5 \times 45°$

$0.5 \times 45°$

$\varnothing 15$ $\varnothing 21$

10

 Erstellen eines neuen Parts mit dem Namen *Huelse_15_21*.

 Anlegen einer SKIZZE auf der *xy-Ebene*, welche einen KREIS beinhaltet.

Durchmesser ⇨ **21mm**

Zur Extrusion der Skizze wird
die Funktion BLOCK mit der
Option *Dick* verwendet.

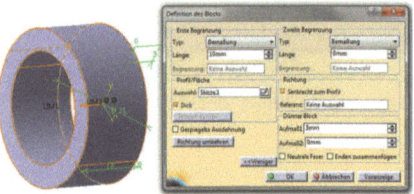

Länge ⇨ **10mm**

Aufmaß1 ⇨ **3mm**

 Beide FASEN können mit einem Feature erzeugt werden. Dazu die beiden
Kanten auswählen und die folgenden Einstellungen verwenden.

Winkel ⇨ **45deg**

Länge ⇨ **0,5mm**

 Die fertig modellierte Hülse wird *gelb* eingefärbt und dem Hauptkörper das
Material *Stahl* zugewiesen.

 Anschließend wird das Bauteil unter dem Namen *Huelse_15_21* GESPEI-
CHERT.

3.4 Anpassen der Hülse

Aus der ersten Hülse soll eine weitere
Hülse abgeleitet werden.

Vorgehensweise:

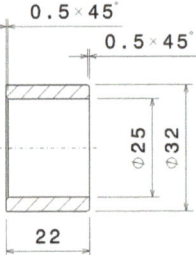

    I. Öffnen der erzeugten Hülse

   II. Ändern der Maße

  III. Speichern unter einem anderen
       Namen

 Um die zweite Hülse zu erzeugen, wird zunächst die erste Hülse geöffnet.

Datei ⇨ *Neu aus...* ⇨ *Huelse_15_21*

Durch *doppeltes Anklicken der Skizze* im Strukturbaum wird die Skizze geöffnet und der Durchmesser ebenfalls per *Doppelklick* geändert.

D ⇨ **32mm**

Anschließend wird der Block im Strukturbaum mit einem *Doppelklick* aufgerufen (*alternativ RMT auf Block* ⇨ *Definition*) und die Parameter geändert.

Länge ⇨ **22mm**

Aufmaß1 ⇨ **3,5mm**

Weiterhin wird die Teilenummer geändert:

⇨ *RMT auf Teil* ⇨ *Eigenschaften* ⇨ *Registerkarte Produkt* ⇨ *Teilenummer*
⇨ **Huelse_25_32**

 Das Bauteil wird unter dem Namen *Huelse_25_32* GESPEICHERT.

3.5 Erzeugen der Antriebswelle

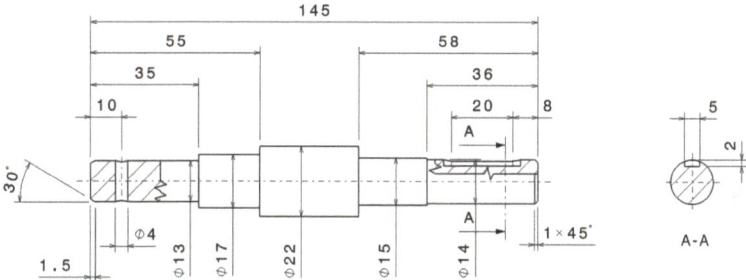

Vorgehensweise:

   I. Skizze erstellen

  II. Skizze rotieren

 III. Hilfsebene einfügen und Tasche erzeugen

 IV. Beide Fasen erzeugen

  V. Bohrung erzeugen

 Erstellen eines neuen Parts mit dem Namen *Antriebswelle*

 Erzeugen einer SKIZZE basierend auf der *yz-Ebene*

 Das PROFIL der Welle wird zunächst grob, ähnlich der Abbildung gezeichnet.

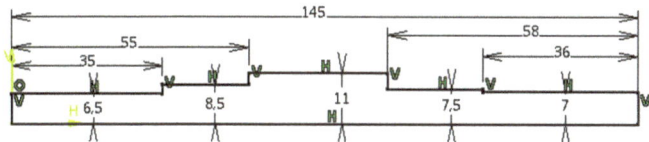

 Über die Funktion BEDINGUNG werden die Radien und Längen der Wellenabsätze eingebracht und die Skizze somit vollständig bestimmt.

 Danach kann die UMGEBUNG VERLASSEN werden.

Anschließend wird die Skizze mit der Funktion WELLE rotiert.

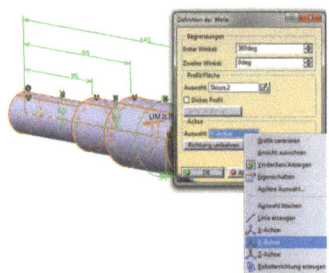

In diesem Beispiel wird im Sketcher keine Rotationsachse erzeugt, sondern im Dialogfeld WELLE ausgewählt.

⇨ *Auswahl* ⇨ *RMT* ⇨ *y-Achse*

 Zum Platzieren von Nuten eignen sich Hilfsebenen.

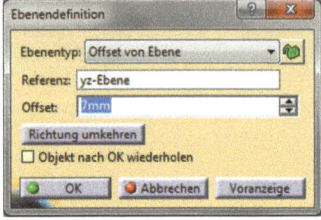

Dazu die Funktion EBENE anklicken.

Ebenentyp ⇨ **Offset von Ebene**

Referenz ⇨ **yz-Ebene**

Offsetwert ⇨ **7mm**

ⓘ Über das Menü *Ebenentyp* kann die Art der Ebenendefinition ausgewählt werden (*Ebenendefinition durch Offset von Ebene, durch zwei Linien, tangential zur Fläche* etc.).

Ebenen dienen unter anderem als Stützelement für verschiedene Features. Bei komplexen parametrischen Modellen sollte vermieden werden, vorhandene Körperflächen als Stützelemente für Skizzen zu verwenden. Bei Topologieveränderungen können diese eventuell nicht mehr vorhanden sein.

 Das Profil der Passfedernut basiert auf einer SKIZZE. Diese wird auf der Hilfsebene erzeugt.

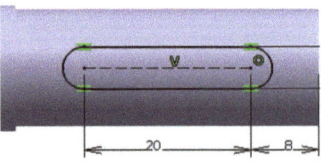

 Mit der Funktion LANGLOCH werden die benötigten Geometrieelemente und Bedingungen automatisch erzeugt.

Mit dem Feature TASCHE wird die Passfedernut erzeugt.

Tiefe ⇨ **2mm**

ⓘ Das Dialogfeld des Features Tasche ist analog zu dem des Features Block anzusehen, mit der Ausnahme, dass bei einer Tasche Material entfernt wird.

Erzeugen einer FASE mit folgenden Parametern:

Modus ⇨ **Länge1/Winkel**

Winkel ⇨ **30deg**

Länge ⇨ **1,5mm**

 Erzeugen einer zweiten FASE mit folgenden Parametern:

Modus ⇨ **Länge1/Winkel**

Winkel ⇨ **45deg**

Länge ⇨ **1mm**

 Die Welle benötigt weiterhin eine Bohrung. Um die Bohrung präzise zu positionieren, wird eine Skizze auf der bereits vorhandenen Offsetebene von der Yz-Ebene erstellt. Der Bohrungsmittelpunkt wird als Stern angezeigt. Dieser kann wie ein Punkt mit Bedingungen versehen werden.

 Nach dem VERLASSEN der Sketcher-Umgebung lassen wir den Punkt ausgewählt (Punkt muss orange hervorgehoben sein). Falls der Punkt noch nicht ausgewählt ist so bitte mit einfachem Klick mit der LMT auswählen.

 Die erzeugte Ebene dient zusätzlich als Stützelement für die BOHRUNG.

Modus ⇨ **bis zum nächsten**

Durchmesser ⇨ **4mm**

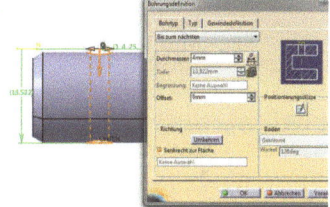

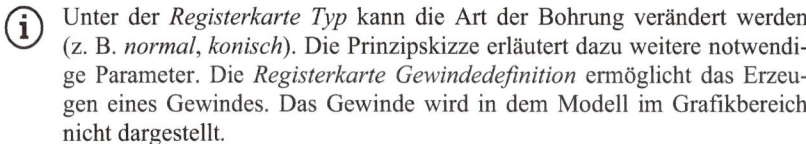

 Unter der *Registerkarte Typ* kann die Art der Bohrung verändert werden (z. B. *normal*, *konisch*). Die Prinzipskizze erläutert dazu weitere notwendige Parameter. Die *Registerkarte Gewindedefinition* ermöglicht das Erzeugen eines Gewindes. Das Gewinde wird in dem Modell im Grafikbereich nicht dargestellt.

 Um die Bohrung zu positionieren, wird die POSITIONIERSKIZZE im Bohrungsdialog gewählt. Der Bohrungsmittelpunkt wird als Stern angezeigt. Dieser kann wie ein Punkt mit Bedingungen versehen werden. Nach dem VERLASSEN der Sketcher-Umgebung wird wieder in den Bohrungsdialog gewechselt.

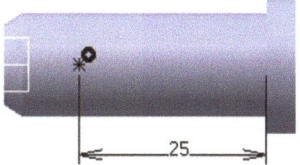

⇨ *Bestätigen des Dialogfelds mit OK*

Schließlich wird dem erzeugten Körper das MATERIAL *Stahl* zugewiesen.

 Die Welle wird unter dem Namen *Antriebswelle* GESPEICHERT.

3.6 Erzeugen der Abtriebswelle

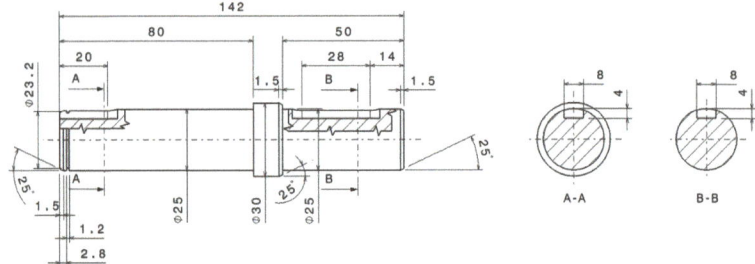

Vorgehensweise:

    I.   Grundkörper aus mehreren Extrusionen erzeugen

   II.   Umlaufende Nut erzeugen

  III.   Passfedernut erzeugen

  IV.   Muster für die zweite Passfedernut erzeugen

   V.   Fasen erzeugen

 Erstellen eines neuen Parts mit dem Namen *Abtriebswelle*

 Als erstes wird eine SKIZZE mit einem
Kreis erzeugt (*yz-Ebene*).

D ⇨ **25mm**

 Mit der Funktion BLOCK wird aus der
Skizze eine Ausprägung erstellt.

Länge ⇨ **80mm**

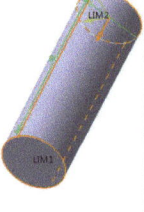 

 Der nächste Wellenabsatz wird als weiterer Block auf der Stirnfläche des
ersten Blocks erzeugt. Für die SKIZZE wird eine Stirnfläche gewählt und ein
Kreis (D = **30mm**) konzentrisch zum ersten Block erzeugt.

(i) Aufgrund der einfachen Geometrie muss keine separate Hilfsebene für die
Skizze erzeugt werden.

 Mit dem Feature BLOCK wird die Skizze extrudiert.

Länge ⇨ **12mm**

Der letzte Wellenabsatz wird aus einer SKIZZE und einem BLOCK erzeugt.

 D ⇨ **25mm**

Länge ⇨ **50mm**

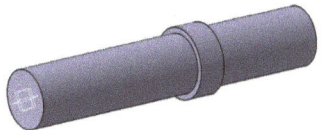

 Für das Erzeugen der umlaufenden Nut wird eine SKIZZE benötigt. In diesem Beispiel kann die *zx-Ebene* als Stützelement genutzt werden.

 Als Kontur wird ein vollständig bestimmtes RECHTECK genutzt.

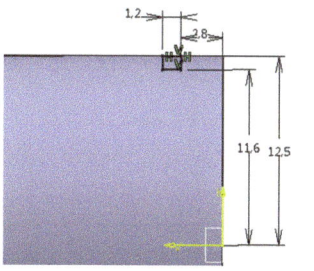

 Das Dialogfeld der NUT hat den gleichen Aufbau wie das der Welle.

Erster Winkel ⇨ **360deg**

Auswahl der Achse ⇨ **x-Achse**

 Die Skizze der Passfedernut benötigt als Stützelement eine EBENE.

Ebenentyp ⇨ **Offset von Ebene**

Referenz ⇨ **xy-Ebene**

Abstand ⇨ **12,5mm**

 Zur Erzeugung der SKIZZE für die Passfedernut wird die *erstellte Ebene* ausgewählt.

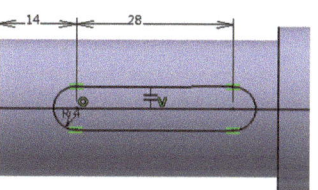

 Mit der Funktion LANGLOCH kann die Geometrie schnell erstellt werden.

 Erzeugen einer TASCHE

Tiefe ⇨ **4mm**

Da die zweite Passfeder die gleichen geometrische Ausprägungen wie die erste Passfeder aufweist, wird sie als RECHTECKMUSTER erzeugt:

Parameter ⇨ **Exemplare und Abstand**

Exemplare ⇨ **2**

Abstand ⇨ **108mm**

Referenzelement ⇨ **Achse der Welle** (*wird im Grafikbereich angezeigt, sobald die Auswahl erfolgen soll*)

Objekt ⇨ **Tasche**

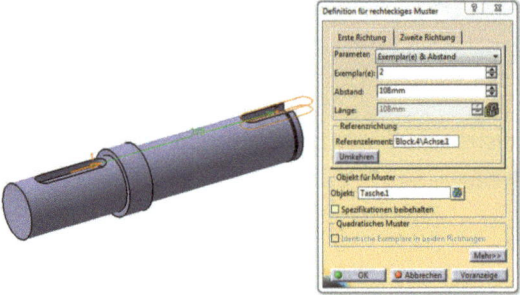

 Elemente können bei Bedarf in zwei verschiedene Richtungen gemustert werden. Unter der Registerkarte zweite Richtung werde die Parameter und die Richtung über das Referenzelement definiert.

 Die ersten beiden FASEN werden in einem Feature erstellt.

Modus ⇨ **Länge1/Winkel**

Winkel ⇨ **25deg**

Länge ⇨ **1,5mm**

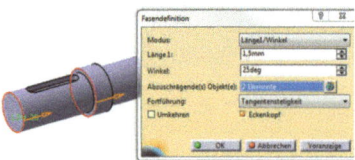

Die dritte FASE enthält die gleichen Parameter, allerdings in einer anderen Ausrichtung (s. technische Zeichnung).

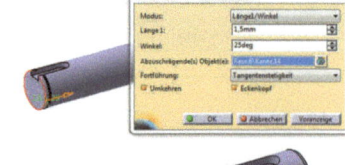

 Letztendlich wird dem Hauptkörper das MATERIAL *Stahl* zugewiesen und das Modell kann unter dem Namen *Abtriebswelle* GESPEICHERT werden.

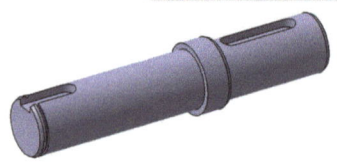

3.7 Erzeugen des Rillenkugellagers

Vorgehensweise:

I. Modellieren der Geometrie

II. Erstellen von Parametern

III. Verknüpfen der Geometrie und der Parameter

IV. Hinterlegen/Erstellen einer Konstruktionstabelle

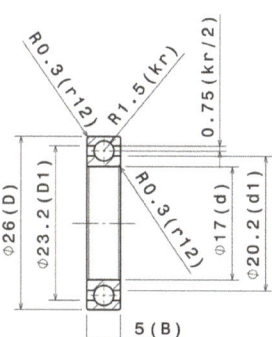

Das Kugellager wird in einen *Außenring*, einen *Innenring* und die *Kugelkörper* unterteilt. Jede Komponente bekommt einen eigenen Körper, wodurch automatische Boolesche Additionen vermieden werden.

 Erstellen eines neuen Parts mit dem Namen *Kugellager*

Zur Unterscheidung wird der Hauptkörper im Strukturbaum umbenannt.

⇨ *Hauptkörper* ⇨ *RMT* ⇨ *Eigenschaften* ⇨ *Komponenteneigenschaften*

⇨ *Komponentenname* ⇨ **Aussenring**

 Erzeugen einer SKIZZE in der *yz-Ebene*

 Dabei empfiehlt es sich, die Hälfte der Kontur mit der Funktion PROFIL zu zeichnen (offene Kontur).

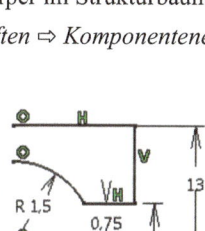

 Anschließend kann dieses offene Profil an der *zx-Ebene* mit der Funktion SPIEGELN vervollständigt werden.

Dabei ist zu beachten, dass der Kreismittelpunkt und der Endpunkt des Kreisbogens kongruent zur Spiegelebene sind. Das Profil wird nun vollständig bemaßt.

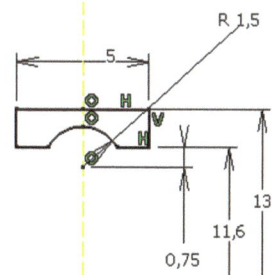

Die Skizze wird mit dem Feature WELLE rotiert.

Erster Winkel ⇨ **360deg**

Achse ⇨ **y-Achse**

 Die äußeren Kanten werden VERRUNDET.

Radius ⇨ **0,3mm**

 Die Kugeln werden in einem separaten Körper (*Einfügen* ⇨ *Körper*) erzeugt. Dieser wird über die Eigenschaften in *Kugeln* umbenannt.

 Es wird wieder eine SKIZZE auf der *yz-Ebene* angelegt.

 Die Skizze beinhaltet einen KREIS und eine HORIZONTALE LINIE.

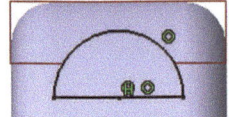

 Überstehende Elemente werden GETRIMMT.

Der Halbkreis soll kongruent zur vorherigen Skizze sein. Diese muss dafür über den Strukturbaum eingeblendet werden.

⇨ *RMT auf Skizze.1* ⇨ *Verdecken/Anzeigen*

 Die Skizze wird mit der Funktion WELLE und folgenden Parametern rotiert:

Erster Winkel ⇨ **360deg**

Achse ⇨ **waagerechte Linie aus der Skizze**

 Zum Erzeugen der anderen Kugeln wird das Feature KREISMUSTER mit folgenden Einstellungen verwendet.

Parameter ⇨ **Vollständiger Kranz**

Exemplare ⇨ **16**

Referenzelement ⇨ **y-Achse**

Objekt ⇨ **Aktueller Volumenkörper**

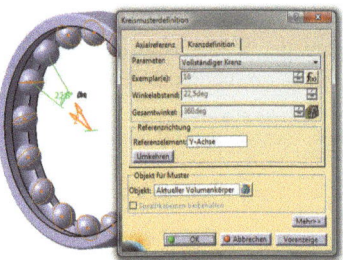

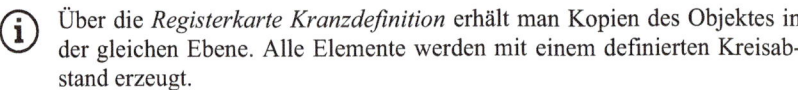

(i) Über die *Registerkarte Kranzdefinition* erhält man Kopien des Objektes in der gleichen Ebene. Alle Elemente werden mit einem definierten Kreisabstand erzeugt.

 Die innere Schale wird ebenfalls in einem separaten Körper (*Einfügen* ⇨ *Körper*) erzeugt. Dieser wird wieder über die Eigenschaften in *Innenring* umbenannt.

Erstellen einer *SKIZZE* basierend auf der *yz-Ebene*.

 Die Hälfte der Kontur kann mit der Funktion PROFIL gezeichnet werden (offene Kontur).

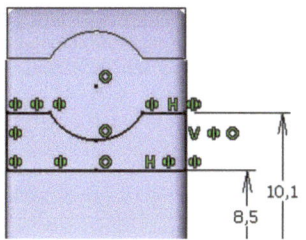

 Anschließend wird dieses offene Profil an der *zx-Ebene* GESPIEGELT.

Die Breite der Skizzenkontur wird mit der ersten Skizze kongruent gesetzt.

Weiterhin wird der Kreisbogen mit dem Kreisbogen der äußeren Schale kongruent gesetzt.

 Die Skizze wird mit der Funktion WELLE rotiert.

Erster Winkel ⇨ **360deg**

Achse ⇨ **y-Achse**

 Alle inneren Kanten werden VERRUNDET.

Radius ⇨ **0,3mm**

Die beiden Körper *Aussenring* und *Innenring* werden über die Symbolleisten GRAFIKEIGENSCHAFTEN *Orange* eingefärbt werden.

 Jedem erstellten Körper wird das MATERIAL *Stahl* zugewiesen. Alternativ kann auch dem gesamten Modell das Material zugewiesen werden. Dazu wird das Material Stahl nicht auf die Körper, sondern auf das Part (oberste Strukturbaumebene) gezogen.

(i) Für die Baugruppe des Getriebes werden verschieden große Kugellager benötigt. Zur Ausprägung von einem Modell in verschiedenen Größen bietet sich das Verknüpfen mit einer Konstruktionstabelle an. Dazu müssen zunächst verschiedene Führungsparameter erzeugt und diese mit der Geometrie verknüpft werden.

An diesem Beispiel soll der Umgang mit einem parametrisierten CAD-Modell geschult werden.

 Dazu wird in CATIA V5 der FORMELEDITOR bereitgestellt. Es öffnet sich ein Fenster, in dem bereits alle vorhandenen Parameter der Geometrie jeglicher Art aufgelistet sind.

Um einen neuen Parameter hinzuzufügen, muss zuerst die Art des Parameters gewählt werden. Hierfür stehen diverse Auswahlmöglichkeiten zur Verfügung.

Es wird der Typ Länge mit einem Wert gewählt und anschließend auf Neuer Parameter des Typs geklickt.

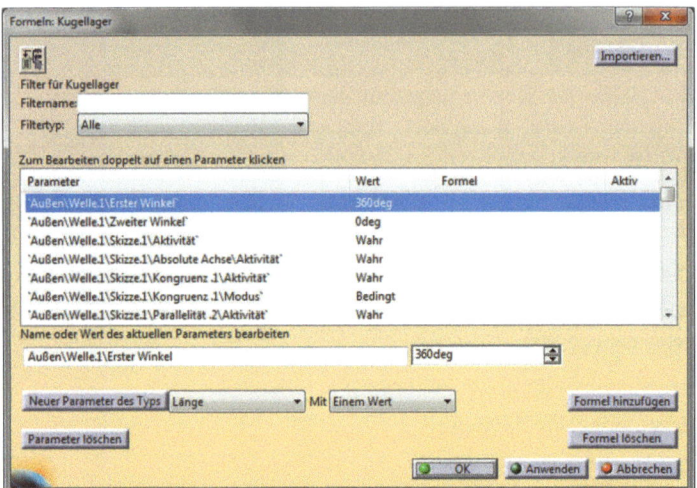

Der neu erzeugte Parameter erscheint in der Parameterliste (mit einem Wert von 0). Der erzeugte Parameter kann nun umbenannt und mit einem Wert versehen werden.

Nach dem Umbenennen kann der Dialog mit Anwenden bestätigt werden.

Es werden nacheinander folgende Parameter des Typs Länge erstellt:

- D = **26mm**
- D1 = **23,2mm**
- d = **17mm**
- d1 = **20,2mm**
- B = **5mm**
- kr = **1,5mm**
- r12 = **0,3mm**

Wurden die in Abschnitt 1.6 genannten Einstellungen zum *Anzeigen der Parameter im Strukturbaum* geändert, werden nun alle Parameter im Strukturbaum aufgeführt.

Die erzeugten Parameter werden nun im FORMELEDITOR mit der Geometrie verknüpft.

Wird bei geöffnetem Formeleditor auf eine bestimmte Geometrie (z. B. Skizze.1) geklickt, so werden die dazugehörigen Maße aufgelistet.

Wird das erste Maß (z. B. 5mm)
ausgewählt, wird dieses automatisch in der Parameterliste ausgewählt. Anschließend soll diesem
Wert eine Formel hinzugefügt
werden.

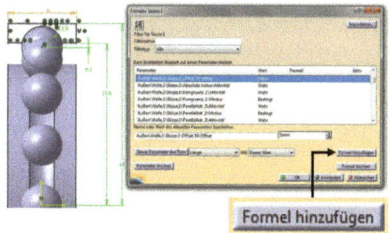

(i)   Werden Features im Strukturbaum
angeklickt, werden diese ebenfalls
in der Liste ausgewählt.

Das Dialogfeld zeigt in der obers-
ten Zeile den Namen des ausgewählten Maßes an.

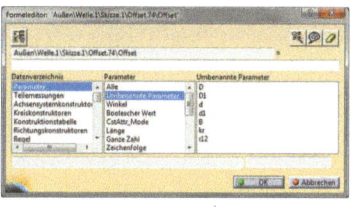

Die zweite Zeile stellt den Wert
dar und wird durch das Anklicken
des Parameters im Strukturbaum
oder *durch einen Doppelklick auf
einen* umbenannten Parameter gefüllt.

Anschließend sind die Parameter
mit der Geometrie verknüpft. In
der mittleren Spalte können die
Elemente gefiltert werden. Wird
Umbenannte Parameter gewählt,
so werden die selbst erzeugten Parameter angezeigt.

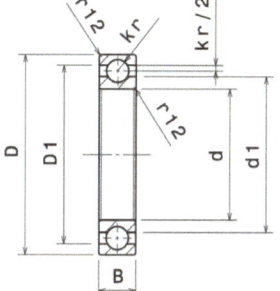

(i)   Da in der Skizze nur Radiuswerte angegeben wurden, muss vor dem Bestätigen in die Formelzeile D/2 eingetragen werden. Dies ist bei allen Durch-
messerwerten zu beachten. Gleiches gilt auch bei dem Abstand des Kreismittelpunktes (kr/2).

Die Parameter *D = 26mm, D1 = 23,2mm, B = 5mm* und *kr = 1,5mm* werden mit den passenden Maßen der *Skizze.1* verknüpft.

Der Radius *r12* wird mit den *Verrundungen* verlinkt.

Weiterhin werden die Parameter *d1 = 20,2mm* und *d = 17mm* mit den passenden Maßen der *Skizze.3* verknüpft.

Der Radius *r12* wird ebenfalls mit den *Verrundungen* verlinkt.

(i) Werden die Werte der Parameter im Strukturbaum verändert, ändert sich dementsprechend die Geometrie. Somit sind schnelle Anpassungen des CAD-Modells möglich. Die Möglichkeit der schnellen Änderung stellt einen Vorteil der parametrischen Konstruktion dar.

Schließlich muss die Anzahl der Kugeln parametrisiert werden. Dazu wird das Kreismuster aufgerufen. Im Dialogfeld Exemplare ⇨ RMT ⇨ Formel bearbeiten öffnet sich der Formeleditor. Folgende Formel wird eingetragen: **int(PI*D1/kr/3)**

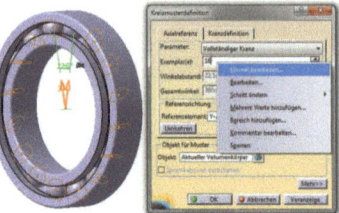

(i) „int" steht für Integer (ganze Zahl). Diese Funktion ist unter *Datenverzeichnis* ⇨ *Math (im Formeleditor)* zu finden und wird per *Doppelklick* eingefügt. Somit ändert sich die Anzahl der Kugeln mit dem Durchmesser.

Weiterhin ist unbedingt darauf zu achten, dass in allen Formeln die Einheiten der Maße beachtet werden.

Hinterlegen/Erstellen einer Konstruktionstabelle

Die erstellten Parameter können mit einer externen Tabelle verknüpft werden. Es müssen nicht alle Werte einzeln geändert, sondern lediglich eine Variante ausgewählt werden. Den Parametern werden dann die jeweiligen Werte zugeordnet.

Dazu gibt es zwei Möglichkeiten:

- Erzeugen einer neuen Tabelle aus dem Programm heraus, welche anschließend mit Werten gefüllt und separat abgespeichert werden kann

- Einfügen einer externen, bereits erstellten Tabelle eingefügt

 Es wird eine KONSTRUKTIONSTABELLE mit *aktuellen Parameterwerten* erzeugt.

Dabei werden folgende Einstellungen vorgenommen. Der Name wird in *Kugellager_Parameter* geändert.

Es wird eine Konstruktionstabelle mit den aktuellen Parameterwerten erzeugt.

Ausrichtung ⇨ **Vertikal**

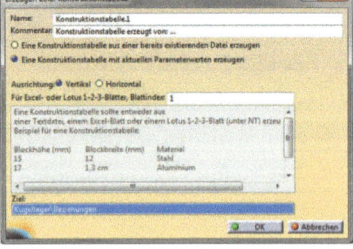

Anschließend müssen alle erzeugten Parameter (D, D1, d, d1, B, kr, r12) in das Feld *Eingefügte Parameter* verschoben werden.

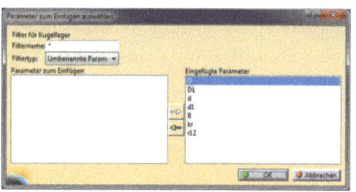

Dabei erleichtert der Filtertyp *Benutzerparameter* die Auswahl der Parameter.

Nach dem Bestätigen muss ein Ort zur Ablage eines Excel-Sheets gewählt werden. Hierbei bietet sich der Speicherort des Part-Files an.

Im folgenden Dialogfeld wird die erste Variante des Lagers dargestellt. Über Tabelle bearbeiten wird automatisch in das Excel-Sheet gewechselt und die Tabelle kann ergänzt werden.

D [mm]	D1 [mm]	d [mm]	d1 [mm]	B [mm]	kr [mm]	r12 [mm]
26	23,2	17	20,2	5	1,5	0,3
52	40	25	34,4	15	4,8	1
32	26	12	18,2	10	3,9	0,6
40	32,8	17	24,2	12	4,3	0,6
42	35	20	27	12	4	0,6
42	33,9	15	23,7	13	5,1	1

(i) Da alle Parameter eine externe Referenz besitzen, können diese einzeln nicht mehr verändert werden. Wird die Tabelle verändert und gespeichert, sind alle Varianten aufrufbar. Im Strukturbaum wird auf die Konstruktionstabelle als Beziehung verwiesen.

Verknüpfung mit einer vorhandenen Konstruktionstabelle

Bei einer vorhandenen Tabelle muss hinter jedem Parameternamen in Klammern eine Einheit vorhanden sein. Zum Nachvollziehen dieser Übung wird die vorhandene Konstruktionstabelle im Strukturbaum entfernt.

Weiterhin wird in der vorhandenen Excel-Tabelle ein beliebiger Parametername umbenannt (z. B. D ⇨ D_Test).

(i) Das Einbinden einer bereits vorhandenen Tabelle ist am einfachsten, wenn die Parameterbezeichnungen in der Tabelle und im CAD-Modell identisch sind. Ist dies nicht der Fall, so müssen die Zuordnungen manuell hergestellt werden, wie im Folgenden beschrieben wird.

Es soll eine KONSTRUKTIONSTABELLE erzeugt werden. Für den gegebenen Fall müssen die folgenden Einstellungen gewählt werden:

⇨ *Eine Konstruktionstabelle aus einer bereits existierenden Datei erzeugen*

Ausrichtung ⇨ **Vertikal**

Nach der Auswahl der Excel-Tabelle kann der Dialog zur automatischen Zuordnung mit Ja bestätigt werden. Alle gleichen Parameternamen werden den somit einander zugeordnet.

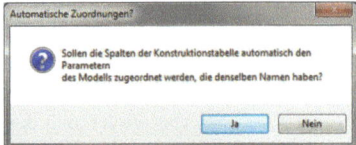

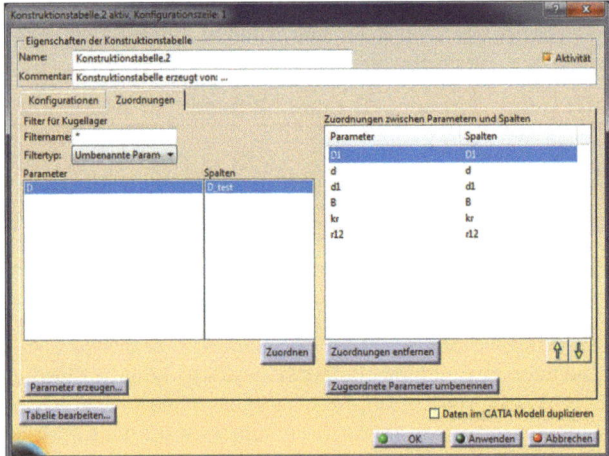

Da ein Parameter im Excel-Sheet umbenannt wurde, muss die Zuordnung mit dem CAD-Modell hergestellt werden. Unter der Registerkarte Zuordnen muss der Parameter zugeordnet werden.

⇨ *Parameter D* ⇨ *Spalte D-Test* ⇨ *Zuordnen* ⇨ *OK*

Die Konstruktionstabelle kann somit wieder vollständig verwendet werden.

Anpassen der Konstruktionstabelle

Die Konstruktionstabelle wurde nach dem Erzeugen bzw. Einbinden im Strukturbaum unter den Beziehungen abgelegt.

Mit einem Doppelklick auf die Konstruktionstabelle wird zunächst die Umgebung Konstruktionsratgeber und anschließend der Dialog der Konstruktionstabelle geöffnet. Hier kann die Tabelle und ihre Zuordnungen bearbeitet werden.

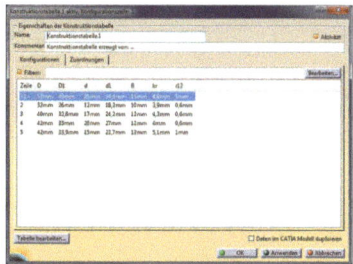

Über die Eigenschaften der Konstruktionstabelle kann der Dateipfad geändert werden.

RMT auf die Konstruktionstabelle ⇨ Eigenschaften

 Das erzeugte Modell wird unter dem Namen Kugellager GESPEICHERT.

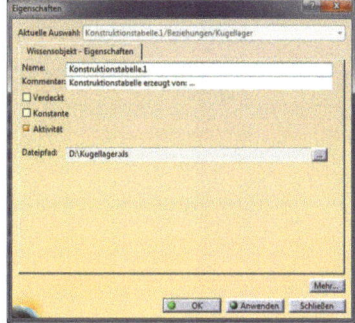

3.8 Erzeugen des Gehäuses – Antriebsseite

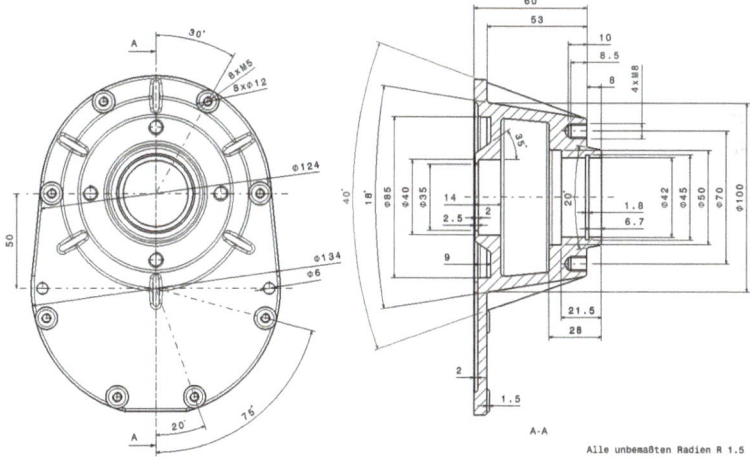

A-A

Alle unbemaßten Radien R 1.5

In diesem Abschnitt wird die antriebsseitige Hälfte des Getriebegehäuses modelliert. Die Zeichnung ist aufgrund der Komplexität nicht vollständig. Die fehlenden Informationen werden in der fortlaufenden Erklärung gegeben. Alle unbemaßten Radien haben den Wert R = 1,5mm.

Vorgehensweise:

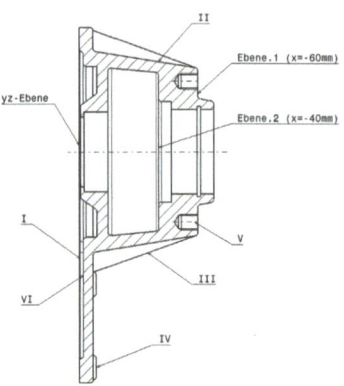

    I.   Erzeugen des Flansches

    II. Erzeugen des Gehäuses inklusive der Lagersitze

    III. Erzeugen aller Rippen

    IV. Erzeugen der Bohrungen am Flansch

    V. Erzeugen aller Bohrungen für den Antrieb

    VI. Erzeugen der Zentrierbohrungen

 Es wird ein neues Part mit dem Teilenamen *Gehaeuse_Antriebsseite* angelegt und in die Umgebung des *Part Designs* gewechselt.

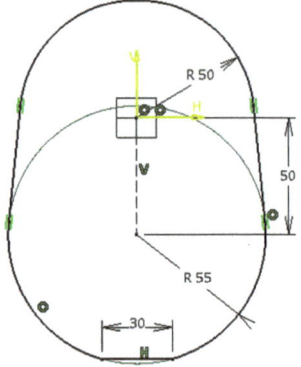

 Auf der *yz-Ebene* wird eine SKIZZE erstellt.

 Die Geometrie kann sehr schnell mit der Funktion PROFIL erstellt werden.

 Alternativ kann ein LANGLOCH erzeugt werden. Anschließend sollte das automatisch erzeugte Maß gelöscht und eine LINIE im unteren Kreisbogen erzeugt werden.

 Die Linie und das Profil werden GETRIMMT und die Kontur wird vollständig bemaßt.

Der Mittelpunkt des oberen Kreisbogens befindet sich im Koordinatenursprung.

Erzeugen einer Extrusion (BLOCK) mit folgenden Eigenschaften:

Erste Begrenzung: ⇨ **7mm**

Profil ⇨ **dick**

Aufmaß1 ⇨ **0mm**

Aufmaß2 ⇨ **12mm**

Richtung ⇨ **negative x-Richtung**

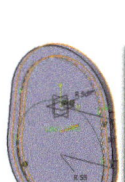
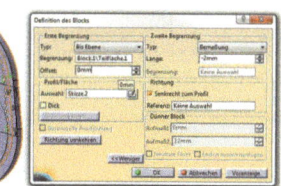

 Ein weiterer BLOCK aus der gleichen Skizze vervollständigt den Flansch.

Auswahl ⇨ **Skizze.1**

⇨ *Mehr>>*

Erste Begrenzung ⇨ **-2mm**

Zweite Begrenzung ⇨ *Bis Ebene* ⇨ *Fläche des Blocks wählen (x = -7mm)*

Richtung ⇨ **negative x-Richtung**

 Die Skizze wurde dem ersten Block zugeordnet und muss *eingeblendet* werden bzw. durch Erweitern des Strukturbaums unter *Block.1* im Strukturbaum ausgewählt werden.

 Erzeugen einer EBENE:

Offset ⇨ **60mm**

Richtung ⇨ **negative x-Richtung**

Referenzelement ⇨ **yz-Ebene**

 Anschließend wird ein Kreis (D = **100mm**) in einer SKIZZE, basierend auf der erstellten Geometrie (*Fläche 1*), erzeugt. Der Kreis ist konzentrisch zur Kreisfläche des Flansches.

Aus der Skizze wird ein VER-RUNDETER BLOCK MIT AUSZUGS-SCHRÄGE gebildet.

Länge ⇨ **53mm**

Zweite Begrenzung ⇨ *aktivieren und Skizzenebene auswählen (Fläche 1)*

Winkel ⇨ **9deg**

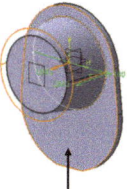
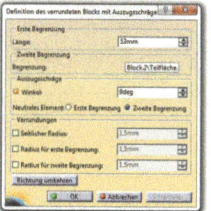

Zweite Begrenzung

Neutrales Element ⇨ **Zweite Begrenzung**

⇨ **Deaktivierung aller Radien**

 Das Feature Verrundeter Block mit Auszugsschräge ist eine Kombination aus einem Block, einer Auszugsschräge und drei Verrundungen. In dieser Reihenfolge werden sie im Strukturbaum aufgelistet. Bei einer Deaktivierung werden die jeweiligen Features nicht erzeugt.

Es wird ein NEUER KÖRPER eingefügt (*Einfügen* ⇨ *Körper*).

 Alle folgenden Operationen sollen in diesem Körper ausgeführt werden. Daher muss darauf geachtet werden, dass dieser Körper aktiv ist und somit im Strukturbaum unterstrichen dargestellt wird.

⇨ *RMT auf den neuen Körper* ⇨ *Objekt in Bearbeitung definieren*

 Es wird ein Kreis (D = **85mm**) in einer SKIZZE auf der vorderen Fläche des Flansches erstellt. Der Kreis ist konzentrisch zur Kreisfläche des Flansches.

 Die zweite SKIZZE beinhaltet ebenfalls einen Kreis (D = **75mm**) und basiert auf der erstellten Offsetebene (*Ebene.1*). Der Kreis ist auch konzentrisch zur Kreisfläche des Flansches.

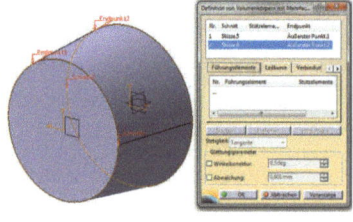 Das Volumen wird mit der Funktion VOLUMENKÖRPER MIT MEHRFACH-SCHNITTEN aus den vorher erzeugten Skizzen erzeugt. Führungskurven oder Leitkurven sind nicht notwendig.

Dabei ist darauf zu achten, dass die roten Pfeile an den Endpunkten der ausgewählten Skizzen in die gleiche Richtung zeigen.

 Führungskurven dienen zur Begrenzung von diesem Feature. Leitkurven hingegen beschreiben den Verlauf des Volumenkörpers.

 Weiterhin wird ein BLOCK aus der ersten Skizze des neuen Körpers (D = **85mm**) erzeugt und in *positiver x-Richtung* ausgeprägt.

Länge ⇨ **10mm**

 Zur besseren Übersichtlichkeit kann der Hauptkörper über *RMT* ⇨ *Verdecken/Anzeigen* ausgeblendet werden, für die folgenden Operationen muss dieser jedoch wieder eingeblendet werden.

Der neue Körper muss vom Hauptkörper entfernt werden (*Einfügen* ⇨ *Boolesche Operationen*). Nach dem Aufrufen der Funktion muss lediglich der *Körper.2* ausgewählt werden. Der Hauptkörper wird automatisch ausgewählt.

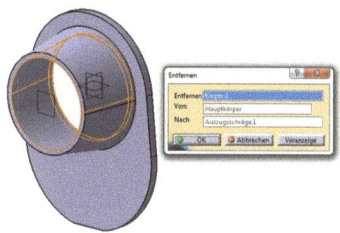

 Sollten mehrere Körper in einem Part vorhanden sein, muss der Zielkörper zusätzlich ausgewählt werden.

 In der *zx-Ebene* wird eine SKIZZE erzeugt.

 Es bietet sich in diesem Fall an, mit der Funktion PROFIL zu arbeiten. Zur vollständigen Bestimmung sind die Maße der Abbildung zu entnehmen.

Falls die Ansicht nicht der Abbildung gleicht, kann mit der Funktion SENK-RECHTE ANSICHT die Sicht auf die Skizzierebene gewechselt werden.

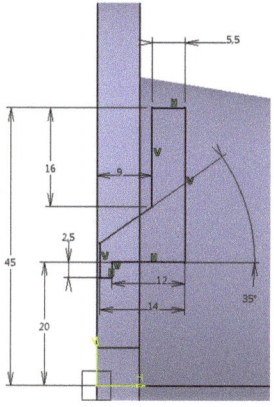

 Die Skizze wird mit der Funktion WELLE rotiert.

Winkel ⇨ **360deg**

Rotationsachse ⇨ *RMT* ⇨ **x-Achse**

 Erzeugen einer EBENE:

Referenz ⇨ **Ebene.1**

Offset ⇨ **20mm**

Richtung ⇨ **positive x-Richtung**

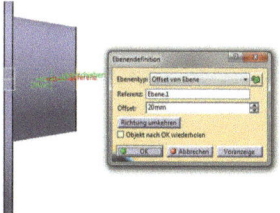

 Auf dieser Ebene wird eine SKIZZE erstellt. Sie besteht aus zwei Kreisen (D1 = **80mm**; D2 = **50mm**). Beide sind konzentrisch zum vorhandenen Flansch bzw. den bereits erzeugten Kreisen.

Diese Skizze wird in negativer x-Richtung ausgeprägt (BLOCK).

Länge ⇨ **20mm**

 Es wird eine weitere SKIZZE auf der Ebene.1 erstellt. Dabei handelt es sich um einen zum Flansch konzentrischen Kreis (D = **42mm**).

 Diese Skizze wird mit folgenden Eigenschaften ausgeprägt (BLOCK).

⇨ *Mehr>>*

Erste Begrenzung ⇨ **8mm**

Zweite Begrenzung ⇨ **13,5mm**

Profil ⇨ **dick**

Aufmaß1 ⇨ **0mm**

Aufmaß2 ⇨ **5,5mm**

Das Maß der ersten Begrenzung soll in *negativer x-Richtung* ausgeprägt werden. Ggf. ist dazu die Richtung der Ausprägung umzukehren.

 Durch eine weitere SKIZZE (*zx-Ebene*) wird das Profil der Ringnut erzeugt.

 Diese Skizzengeometrie kann zum durch die Funktion RECHTECK (**4mm x 1,8mm**) realisiert werden.

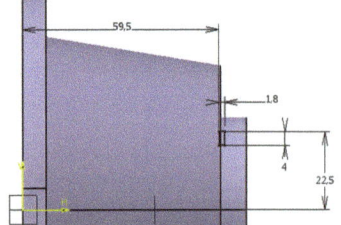

 Die Skizze wird mit der Funktion NUT rotiert.

Rotationsachse ⇨ *RMT* ⇨ **x-Achse**

Winkel ⇨ **360deg**

 Erzeugen einer FASE:

Modus ⇨ **Länge1/Winkel**

Länge1 ⇨ **8mm**

Winkel ⇨ **10deg**

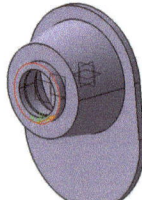

Das Gehäuse wird außen VERRUNDET.

Radius ⇨ **1,5mm**

Fortführung ⇨ **Tangentenstetigkeit**

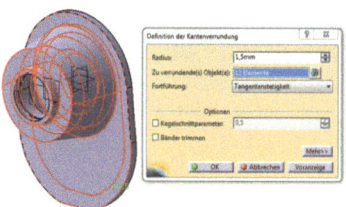

 Alle Verrundungen können in einem Arbeitsschritt erzeugt werden. Die Lagersitze und die Flanschfläche dürfen dabei nicht verrundet werden (s. Zeichnung am Anfang des Abschnitts).

 Die folgende SKIZZE (*zx-Ebene*) bildet die Grundlage einer Versteifungsrippe.

Dafür wird lediglich eine vollständig bemaßte LINIE benötigt. Der Rechte Punkt der Linie ist kongruent zur *Fläche 1*.

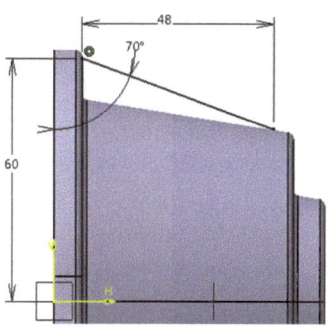

Zum Erzeugen des horizontalen Abstands der Punkte (**48mm**):

⇨ *Funktion Bedingung* ⇨ *beide Punkte selektieren* ⇨ *RMT* ⇨ *Horizontale Bemaßungsrichtung*

 Die VERSTEIFUNG weist folgende Eigenschaften auf:

Modus ⇨ **Von der Seite**

Aufmaß1 ⇨ **6mm**

Neutrale Faser ⇨ **aktiviert**

Profil ⇨ **Skizze** für die Versteifung

 Die Versteifung wird seitlich mit einer Auszugsschräge versehen (WINKEL DER AUSZUGSSCHRÄGE)

Winkel ⇨ **4deg**

Teilfläche für Ausz. ⇨ **Seitenflächen**

Neutrales Element ⇨ **Kopffläche**

Fortführung ⇨ **keine**

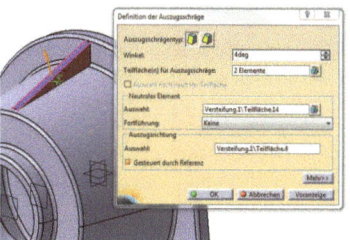

Die Versteifung wird mit der Funktion VERRUNDUNG AUS DREI TANGENTEN verrundet. Die Funktion befindet sich hinter dem Button der Kantenverrundung.

Zu verrundende Teilf. ⇨ **Seitenflächen**

Zu entfernende Teilf. ⇨ **Kopffläche**

 Die untere Kante der Rippe wird VERRUNDET.

Fortführung ⇨ **Tangentenstetigkeit**

Radius ⇨ **1,5mm**

(i) Bevor die Funktion Muster gewählt wird, sollten alle zu musternden Elemente (Versteifung, Auszugsschräge, Verrundung aus drei Tangenten, Kantenverrundung) durch Mehrfachauswahl (*Strg-Taste*) ausgewählt werden.

 Das KREISMUSTER der Rippen weist folgende Eigenschaften auf:

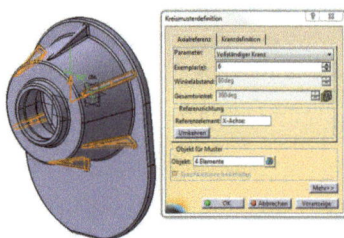

Parameter ⇨ **vollständiger Kranz**

Exemplare ⇨ **6**

Referenzelement ⇨ *RMT* ⇨ **x-Achse**

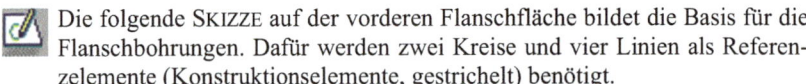 Die folgende SKIZZE auf der vorderen Flanschfläche bildet die Basis für die Flanschbohrungen. Dafür werden zwei Kreise und vier Linien als Referenzelemente (Konstruktionselemente, gestrichelt) benötigt.

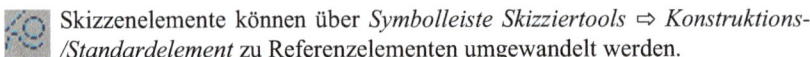 Skizzenelemente können über *Symbolleiste Skizziertools* ⇨ *Konstruktions-/Standardelement* zu Referenzelementen umgewandelt werden.

■ Nachdem die Kreise und die Linien als Konstruktionselemente erzeugt wurden, werden für die Bohrungsmittelpunkte PUNKTE als Standardelemente an den Schnittstellen zwischen den Linien und den Kreisen eingefügt.

Diese vier Punkte werden anschließend an der *zx-Ebene* gespiegelt. Die Winkel und Durchmesser sind der Abbildung zu entnehmen.

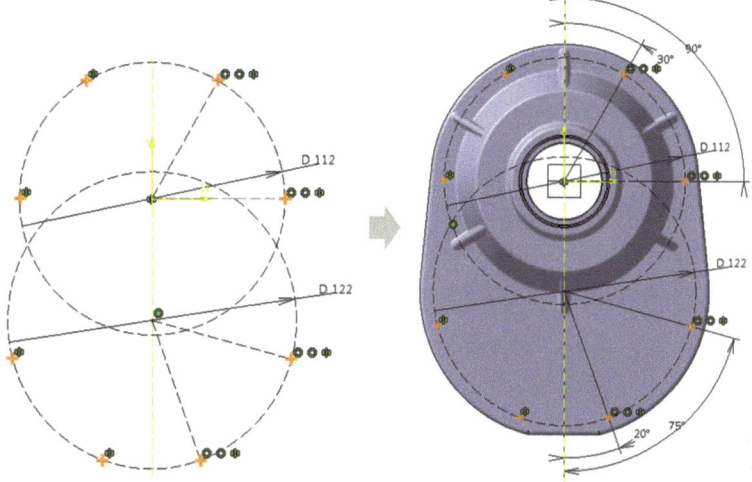

(i) Die Kreise können mit vorhandenen Skizzenelementen oder mit den Kanten des Flansches konzentrisch gesetzt werden.

Nach dem Verlassen der Skizzierumgebung werden nur noch die Standardelemente, also die Punkte angezeigt (s. Abbildung). Daran kann geprüft werden, ob die Skizze richtig erzeugt wurde.

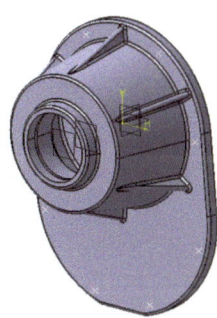

 Auf der vorderen Flanschfläche wird eine SKIZZE erzeugt (Kreis, konzentrisch zu einem Bohrungspunkt, D = **12mm**).

 Diese Skizze wird als BLOCK ausgeprägt.

Länge ⇨ **1,5mm**

⇨ *gespiegelte Ausdehnung*

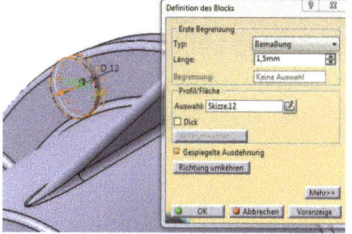

Es wird eine BOHRUNG mit einem Gewinde erzeugt, welche konzentrisch
zum letzten Block liegt.

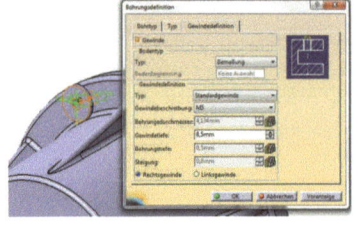

Bohrtyp ⇨ **Bis zum nächsten**

*Registerkarte Typ ⇨ Normal Register-
karte Gewindedefinition Typ ⇨* **Standardgewinde**

Gewindebeschreibung ⇨ **M5**

 Der Bohrungsmittelpunkt wird über die POSITIONIERUNGSSKIZZE platziert.

 Die obere Kante der Ausprägung wird VERRUNDET.

Fortführung ⇨ **Tangentenstetigkeit**

Radius ⇨ **1,5mm**

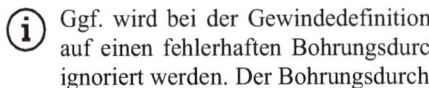 Ggf. wird bei der Gewindedefinition ein Warnhinweis angezeigt, welcher
auf einen fehlerhaften Bohrungsdurchmesser deutet. Diese Meldung kann
ignoriert werden. Der Bohrungsdurchmesser wird automatisch nach der Definition des Gewindes angepasst.

 die Flanschbohrungen werden als BE-
NUTZERMUSTER vervielfacht.

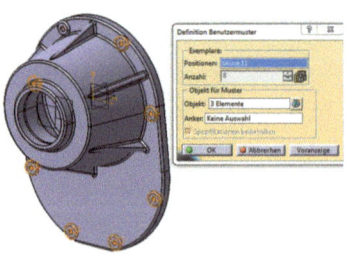

Alle Elemente müssen vor dem Aufrufen der Funktion durch Mehrfachauswahl selektiert werden (Block,
Kantenverrundung, Bohrung).

Als Position wird die Skizze der Boh-
rungspunkte gewählt.

 Weiterhin wird auf der vorderen Fläche
eine BOHRUNG mit den folgenden Eigenschaften erzeugt:

Bohrtyp ⇨ **Sackloch**

Tiefe ⇨ **10mm**

Boden ⇨ **Spitz (120deg)**

Über die POSITIONIERUNGSSKIZZE wird der Bohrungsmittelpunkt platziert.

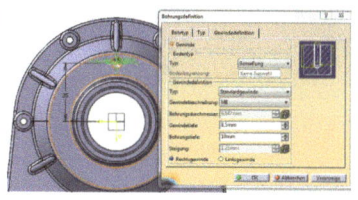

Registerkarte Gewindedefinition

Typ ⇨ **Standardgewinde**

Gewindebeschreibung ⇨ **M8**

Gewindetiefe ⇨ **8,5mm**

 Ggf. kann es hierbei zum Warnhinweis *Topologische Neubegrenzung des Hauptteils nicht möglich* kommen. Auch dieser Hinweis kann zunächst ignoriert werden.

Die Bohrungen werden mit folgenden Eigenschaften GEMUSTERT :

Parameter ⇨ **vollständiger Kranz**

Exemplare ⇨ **4**

Referenzelement ⇨ *RMT* ⇨ **x-Achse**

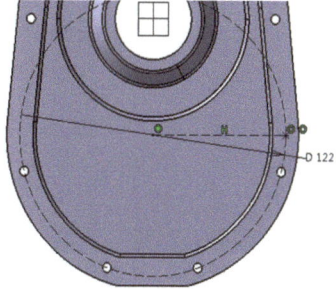

Es wird BOHRUNG auf der Flanschfläche erzeugt. Die Positionierung kann der Skizze entnommen werden. Der Referenzkreis kann z. B. mit der Skizze des Flansches konzentrisch gesetzt werden.

Bohrtyp ⇨ **Bis zum nächsten**

Durchmesser ⇨ **6mm**

 Werden Abstände bemaßt, kann über das Kontextmenü (*RMT*) die Bemaßungsrichtung horizontal oder vertikal gewählt werden.

 Anschließend wird die Bohrung an der *zx-Ebene* GESPIEGELT.

 Es wird ein neues GEOMETRISCHES SET eingefügt und in *Flansch* umbenannt.

⇨ *Einfügen* ⇨ *Geometrisches Set*

 Anschließend wird in die Umgebung des GENERATIVE SHAPE DESIGNS gewechselt.

⇨ *Start* ⇨ *Flächen* ⇨ *Generative Shape Design*

Im neuen geometrischen Set wird eine Ableitung (ABLEITEN) der Fläche des Flansches erzeugt.

Der Button befindet sich hinter der Funktion *Begrenzung*.

Alternativ:

⇨ *Einfügen* ⇨ *Operationen* ⇨ *Ableiten*

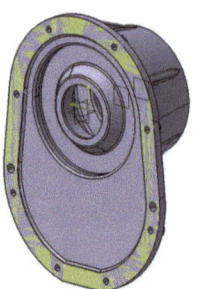

 Diese Fläche soll im Folgenden für die Konstruktion der Dichtung und der zweiten Gehäusehälfte weiter verwendet werden.

 Letztlich wird dem Hauptkörper das MATERIAL *Stahl* zugewiesen.

Das Gehäuse der Antriebsseite ist nun vollständig und wird unter dem Namen *Gehaeuse_Antriebsseite* GESPEICHERT.

3.9 Erzeugen des Gehäuses – Abtriebsseite

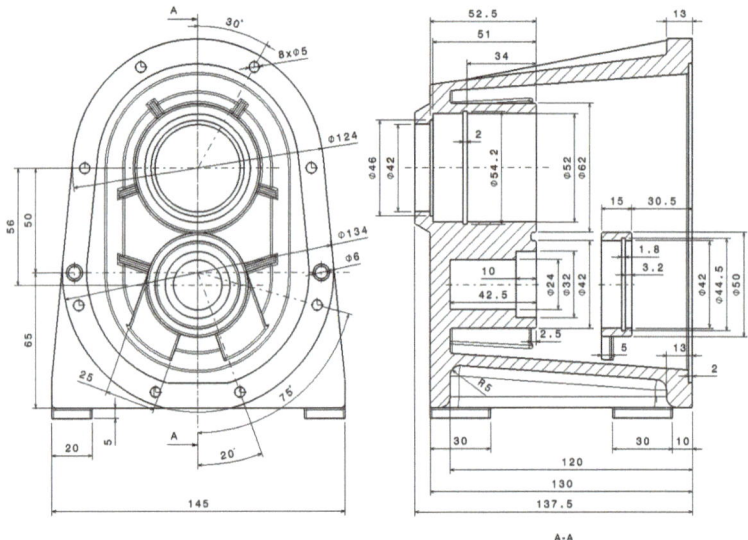

In diesem Abschnitt wird die abtriebsseitige Hälfte des Getriebegehäuses modelliert. Dieses Bauteil bildet das Gegenstück zu der im vorigen Abschnitt erzeugten Gehäusehälfte.

Die Zeichnung ist aufgrund der Komplexität nicht vollständig. Fehlende Informationen werden in den fortlaufenden Erklärungen gegeben. Alle unbemaßten Radien haben den Wert R = 1mm.

Die äußere Form des Gehäuses wird mit Hilfe von Draht- und Flächenelementen modelliert. Die Lagersitze werden im Part-Design erzeugt.

Vorgehensweise:

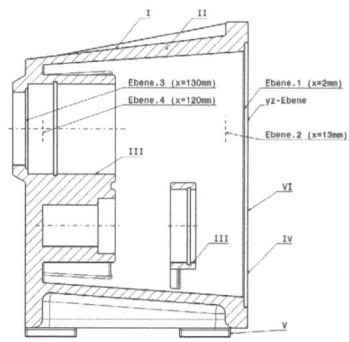

I. Erzeugen der Außenkontur mit Flächenoperationen

II. Erzeugen eines Volumenkörpers

III. Erzeugen aller Lagersitze

IV. Erzeugen der Bohrungen am Flansch

V. Erzeugen der Standfüße

VI. Erzeugen der Zentriereinheiten

 Es wird ein *neues Part* mit dem Teilenamen *Gehaeuse_Abtriebsseite* angelegt und in die Umgebung GENERATIVE SHAPE DESIGN gewechselt.

 Einfügen eines neuen GEOMETRISCHEN SETS mit dem Namen *Flansch*

Die Flanschfläche und die Skizze der Flanschbohrungen des antriebsseitigen Gehäuses Antriebsseite sollen auch für diese Gehäusehälfte genutzt werden.

 ÖFFNEN von *Gehaeuse_Antriebsseite*

 Die Ableitung und die Skizze des Bohrungsmusters werden kopiert.

Strg + C

⇨ *Mehrfachauswahl mit gedrückter Strg-Taste* ⇨ *RMT* ⇨ *Kopieren*

Die Kopien werden im geometrischen Set als *Ergebnis mit Verknüpfung* eingefügt.

⇨ *RMT auf das Set Flansch* ⇨ *Einfügen Spezial*

⇨ *Als Ergebnis mit Verknüpfung*

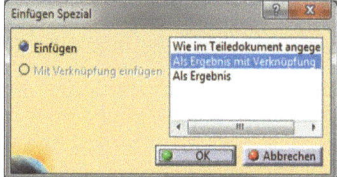

Die Geometrie der ersten Gehäusehälfte ist nun über die Flanschfläche mit der zweiten Gehäusehälfte assoziativ verknüpft. Wenn die Ausgangsgeometrie geändert wird, ändert sich auch das eingefügte Objekt. Diese Gehäusehälfte ist von der Antriebsseite direkt abhängig.

Alle Verknüpfungen können über die Toolleiste Bearbeiten ⇨ Verknüpfungen angezeigt werden.

 Es wird ein GEOMETRISCHES SET mit dem Namen *Ebenen* eingefügt.

 Es werden zwei GEORDNETE GEOMETRISCHE SETS mit den Namen *Drahtmodell* und *Flächenmodell* eingefügt. Das Set *Drahtmodell* wird *in Bearbeitung* gesetzt.

 Von der kopierten Fläche wird mit dem Feature BEGRENZUNG die vollständige Außenkante abgeleitet.

 Das Drahtmodell besteht aus sieben Skizzen, welche auf verschiedene Ebenen referenziert werden. Zur besseren Übersichtlichkeit werden die Skizzen sowie die Ebenen fortlaufend nummeriert. Es empfiehlt sich diese Nummerierung bei der eigenen Modellierung des Beispiels beizubehalten.

Folgend wird eine Übersicht der im Drahtmodell eingefügten Ebenen und Skizzen zur Orientierung gegeben:

Bezeichnung	Offset von yz-Ebene	referenzierte Skizzen
Ebene.1	2mm	Skizze.2, Skizze.6
Ebene.2	13mm	Skizze.3
Ebene.3	120mm	Skizze.5
Ebene.4	130mm	Skizze.4, Skizze.7

Das geometrische Set *Ebenen* wird *in Bearbeitung* definiert.

 Einfügen der ersten EBENE (*Ebene.1*)

Offset ⇨ **2mm** in positiver x-Richtung

Referenzfläche ⇨ **yz-Ebene**

Erzeugen der weiteren EBENEN analog zur ersten Ebene

Offset ⇨ *s. Tabelle*

Referenzfläche ⇨ **yz-Ebene**

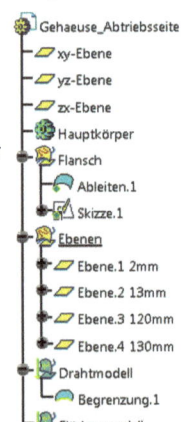

Umbenennen der Ebenen gemäß ihres Offset-Wertes

⇨ *RMT auf Ebene* ⇨ *Eigenschaften*

⇨ *Komponenteneigenschaften*

⇨ *z. B. Ebene.1* ⇨ *Ebene.1_2mm*

Das geordnete geometrische Set *Drahtmodell* wird *in Bearbeitung* definiert.

 Erzeugen einer SKIZZE (Skizze.2) auf *Ebene.1*. Dabei können Elemente der Ableitung für die Skizze verwendet werden.

 Nach dem Aktivieren der Funktion 3D-ELEMENTE PROJIZIEREN werden die vier markierten Kanten ausgewählt.

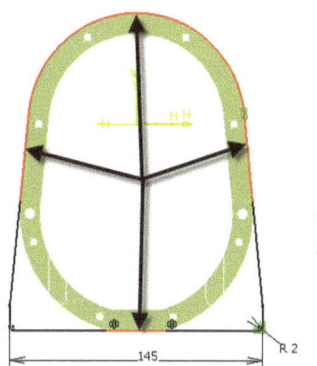

ⓘ Hierbei ist darauf zu achten, dass nur die Linien und keine Punkte ausgewählt werden.

Dazu kann der *Benutzerauswahlfilter* auf *Kurven* gesetzt werden.

 Die restliche Kontur wird als PROFIL erzeugt.

Die Breite der Kontur beträgt **145 mm** und wird mit **2 mm** verrundet.

 Über *Tools* ⇨ *Skizzieranalyse* kann geprüft werden, ob die erzeugte Kontur geschlossen ist.

ⓘ Zur besseren Übersichtlichkeit kann das *Set Flansch ausgeblendet* werden. Diese Funktion wird bereits beherrscht und daher an dieser Stelle nicht weiter erläutert.

 Erzeugen einer SKIZZE (Skizze.3) auf *Ebene.2*.

 Der Fuß ist abhängig von der vorangegangenen Skizze. Somit müssen nur noch die beiden Radien angetragen werden.

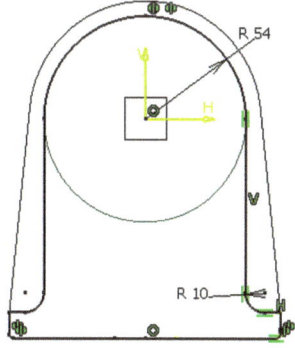

Bei symmetrischen Skizzen bietet es
sich immer an, nur eine Seite zu zeichnen und an einer Ebene zu spiegeln.

 Erzeugen einer PROJEKTION der Skiz-
ze.2 auf die Ebene.2

Projektionstyp ⇨ **Senkrecht**

Projiziert ⇨ **Skizze.2**

Stützelement ⇨ **Ebene.2**

Die Projektionsrichtung kann mit der
Option *Projektionstyp ⇨ Entlang einer
Richtung* beliebig verändert werden.

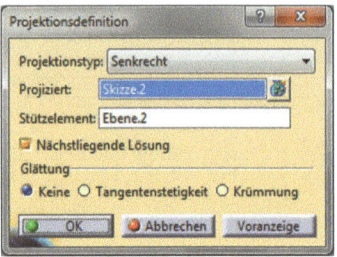

 Erzeugen einer SKIZZE (Skizze.4) auf
Ebene.4. als letzte Skizze der Außenkontur.

 Der Fuß wird wieder von Skizze.2 abgeleitet. Dazu kann die andere Draht-
geometrie (*Projizieren1. und Skizze.4*)
ausgeblendet werden.

 Bei vielen Ebenen ist eine Auswahl der
Ebene über den Strukturbaum hilfreich.

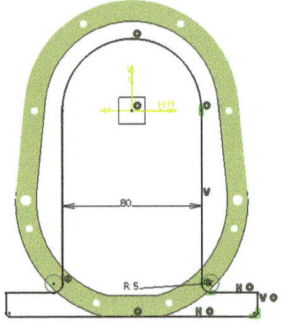

Alle erzeugten Geometrieelemente beschreiben die *Außenkontur* des Gehäuses. In den folgenden Schritten wird nun die *Innenkontur* erstellt.

 Erzeugen einer SKIZZE (Skizze.5) auf
Ebene.3

 Die Skizze bildet ein LANGLOCH. Der
Radius beträgt **37mm** und die Länge
52mm. Der obere Kreisbogen ist konzentrisch zur abgeleiteten Flanschfläche.

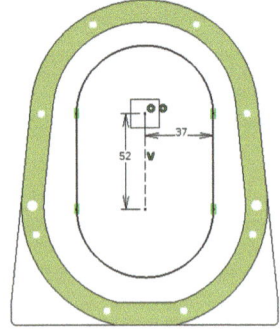

 Auf der *Ebene.1* wird in einer SKIZZE (Skizze.6) ein weiteres LANGLOCH
mit einer Länge von **52mm** und einem Radius von **45mm** erstellt.

Auf der *Ebene.4* wird ein KREIS in einer SKIZZE (Skizze.7) mit einem Durchmesser von **52mm** konzentrisch zum Koordinatenursprung erzeugt.

⇨ *Einblenden der bisher erstellten Drahtgeometrie-*

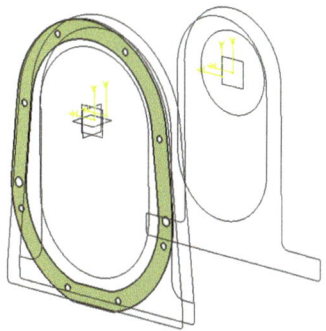

Das Drahtmodell ist fertig gestellt. Auf der Basis dieser Daten wird ein Flächenmodell aufgebaut. Die folgenden Operationen werden im geometrischen Set Flächenmodell ausgeführt (RMT ⇨ Objekt in Bearbeitung definieren).

Das geordnete geometrische Set *Flächenmodell* wird *in Bearbeitung* definiert.

 Die Außenkontur wird über die Funktion ÜBERGANG erzeugt. Hierbei wird eine Fläche zwischen zwei Konturen aufgespannt. Dazu werden die Skizze.3 und die Skizze.4 ausgewählt.

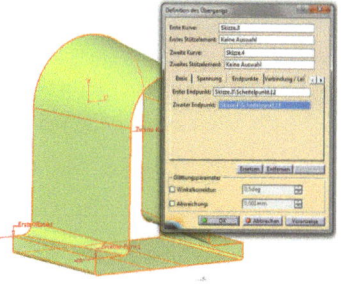

An beiden Konturen werden automatisch Endpunkte festgelegt. Damit die Fläche nicht in sich verdreht wird, müssen diese sich direkt gegenüber liegen. Die Punkte können in der Registerkarte Endpunkte bearbeitet werden.

Es können *vorhandene Punkte der Skizzen* ausgewählt (s. Abbildung) oder über *RMT ⇨ Punkt erzeugen* neue Punkte erzeugt werden.

Weiterhin muss die Verbindungsrichtung der Endpunkte (roter Pfeil) die gleiche Richtung aufweisen.

In der *Registerkarte Verbindung/Leitkurve* wird die Einstellung *Tangentenstetigkeit, dann Krümmung* ausgewählt. Die einzelnen Segmente der Fläche sind krümmungsstetig und haben einen tangentenstetigen Übergang.

(i) Werden bei der Funktion ÜBERGANG Stützelemente ausgewählt, kann die Fläche punktstetig, tangentenstetig oder krümmungsstetig ausgeführt werden.

 Die Kontur der *Skizze.4* wird mit der Funktion FÜLLEN geschlossen.

Die Kontur der Projektion (*Projizieren.1*) wird mit der Funktion FÜLLEN geschlossen.

 Diese Fläche wird an der Skizze.3 GE-TRENNT.

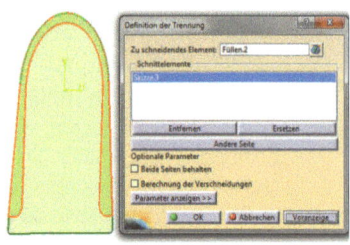

Zu schneidendes Element ⇨ **Füllen**

Schnittelemente ⇨ **Skizze.3**

Die Fläche, die weggeschnitten werden soll, wird transparent dargestellt. Die Auswahl kann über *Andere Seite* geändert werden.

ⓘ Werden zwei Flächen getrennt oder getrimmt, so entsteht eine neue Fläche. Die alte Fläche wird automatisch ausgeblendet.

 Erstellen einer ÜBERGANGSFLÄCHE zwischen der *Skizze.2* und der *Projektion*

 Die Kontur der *Skizze.2* wird mit einer Fläche geschlossen (FÜLLEN).

 Anschließend wird diese Fläche an der Skizze.6 GETRENNT.

Zu schneidendes Element ⇨ **Füllen**

Schnittelemente ⇨ **Skizze.6**

 Weiterhin wird eine ÜBERGANGSFLÄCHE zwischen der *Skizze.5* und der *Skizze.6* erzeugt. Auch hier müssen die *Endpunkte* beachtet werden.

 Die Kontur der *Skizze.5* wird mit einer Fläche geschlossen (*Füllen*).

 Anschließend werden *alle Flächen* zu einer Fläche mit der Operation VER-BINDUNG vereint. Das Ergebnis bildet eine Fläche, die die Außenbegrenzung des Gehäuses beschreibt.

 Skizze.7 wird EXTRUDIERT. Dabei muss sichergestellt werden, dass diese Fläche die Verbindung vollständig schneidet.

Profil ⇨ **Skizze.7**

Richtung ⇨ **Ebene.3** (wird automatisch eingetragen)

1. Begrenzung ⇨ **20mm**

2. Begrenzung ⇨ **20mm**

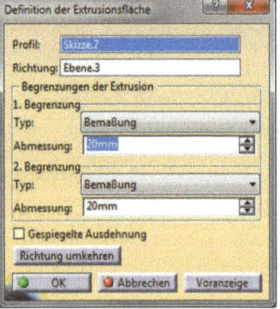

Die Flächenverbindung und die Extru-
sionsfläche werden aneinander GE-
TRIMMT. Im Unterschied zum Trennen
sind hier mehrere Lösungen möglich.
Daher gibt es zwei Möglichkeiten, die
Lösung zu verändern.

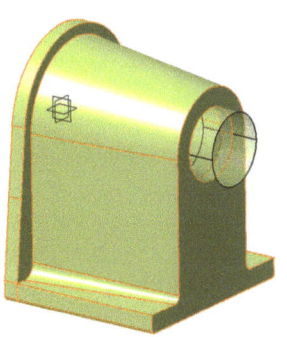

In diesem Beispiel muss die Lösung so
gewählt werden, dass in dem Gehäuse
eine Bohrung entsteht und die überste-
henden Flächen getrimmt werden.

 Das Flächenmodell ist nun fertig gestellt. Aus diesem Flächenmodell wird
das Volumenmodell generiert. Dazu wird in die Umgebung des PART DE-
SIGNS (*Start* ⇨ *Mechanische Konstruktion* ⇨ *Part Design*) gewechselt und
der *Hauptkörper* als *Objekt in Bearbeitung* definiert.

 Das Volumen entsteht aus dem Flä-
chenverbund (Trimmen) mit der Funktion FLÄCHE SCHLIESSEN.

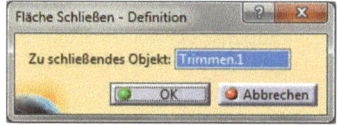

Der Button dazu befindet sich hinter der Funktion *Trennen* bzw. kann auch
über *Einfügen* ⇨ *Auf Flächen basierende Komponenten* ⇨ *Fläche schließen* aufgerufen werden.

(i) Die *geometrischen Sets* mit den Draht- und den Flächenelementen werden
für den weiteren Konstruktionsprozess nicht mehr benötigt und können
ausgeblendet werden. Wurde das Set *Flansch* vorher ausgeblendet, so soll
es nun für das weitere Vorgehen wieder *eingeblendet* werden.

⇨ *RMT* ⇨ *Verdecken/Anzeigen*

 Die abgeleitete Fläche wird mit dem
Feature AUFMAßFLÄCHE in positive
x-Richtung extrudiert:

Erster Offset ⇨ **2mm**

Zweiter Offset ⇨ **0mm**

Beide Volumenkörper werden automatisch vereint.

 Es wird ein neuer KÖRPER eingefügt, welcher dazu genutzt wird Material
im Fußbereich des Gehäuses zu entfernen.

Dafür werden zwei SKIZZEN benötigt. Die erste Skizze (*xy-Ebene*) stellt ein Trapez dar.

Die schrägen Linien sind spiegelsymmetrisch zur zx-Ebene ausgerichtet.

Die linke vertikale Linie ist kongruent zur Rückseite des Flansches, die rechte vertikale Linie ist kongruent zur inneren Gehäusefläche.

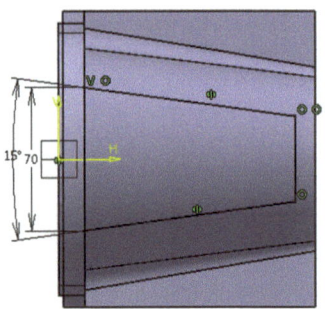

 Für die Auswahl der inneren Gehäusefläche kann es nötig sein, die Skizzenansicht zu drehen. Über SENKRECHTE ANSICHT gelangt man zurück zur standardmäßigen Ansicht der Skizze.

 Die zweite SKIZZE wird auf der *zx-Ebene* positioniert.

Die linke vertikale Linie ist kongruent zur inneren Gehäusefläche, die rechte vertikale Linie ist kongruent zur Rückseite des Flansches.

Alle Abstandsmaße sind von der xy-Ebene zu wählen.

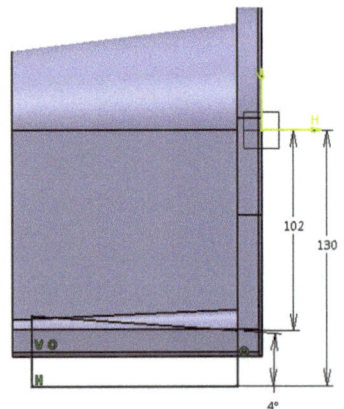

 Aus beiden Skizzen wird ein KOMBINIERTER VOLUMENKÖRPER erzeugt.

 Mit dieser Funktion wird das Volumen durch den Verschnitt beider Skizzen erzeugt.

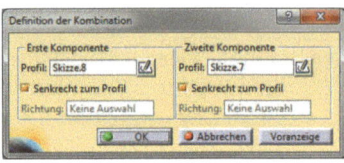

 Dieser Körper wird von dem Hauptkörper ENTFERNT.

 Der Ausschnitt wird vollständig VERRUNDET. Es bietet sich an, *alle Flächen zu selektieren.*

Radius ⇨ **5mm**

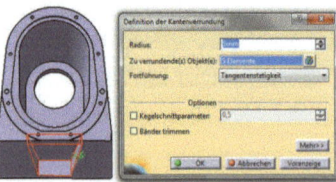

Erzeugen einer EBENE

Offset ⇨ **60mm** in positiver x-Richtung

Referenzfläche ⇨ **yz-Ebene**

 Auf dieser Hilfsebene wird eine SKIZZE mit einem KREIS vom Durchmesser **10,5mm** erzeugt.

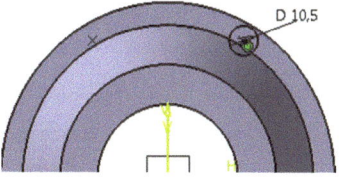

Der Kreismittelpunkt ist kongruent zu einem beliebigen Punkt der kopierten Referenzskizze im Set Flansch.

 Die erzeugte Skizze wird mit der Funktion TASCHE in *Richtung des Flansches* ausgeprägt.

Länge ⇨ **51mm**

 Es wird eine DURCHGANGSBOHRUNG kongruent zu dem gleichen Punkt der Referenzskizze erzeugt.

Durchmesser ⇨ **5mm**

 Von der Tasche und der Durchgangsbohrung wird ein BENUTZERMUSTER erzeugt. Dafür werden beide Elemente selektiert (Mehrfachauswahl durch Strg-Taste) und anschließend die Funktion Benutzermuster gewählt. Ein Anker muss nicht festgelegt werden.

 Für die erste Versteifungsrippe des Gehäuses wird auf der *zx-Ebene* eine SKIZZE angelegt.

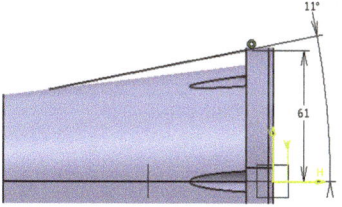

(i) Die Versteifung wird bis zum nächsten Volumen erstellt. Daher wird kein Längenmaß der Linie benötigt.

 Aus der Skizze wird eine VERSTEIFUNG gebildet.

Modus ⇨ **Von der Seite**

Aufmaß1 ⇨ **3mm**

Neutrale Faser ⇨ **aktiviert**

Die Rippe wird mit einer AUSZUGSSCHRÄGE versehen:

Winkel ⇨ **9deg**

Teilflächen für Auszugsschräge ⇨ **Seitenflächen** der Rippe

Neutrales Element ⇨ **Kopffläche** der Rippe

Auszugsrichtung ⇨ keine Auswahl

Gesteuert durch Referenz ⇨ **deaktiviert**

 Weiterhin wird die Rippe aus DREI TANGENTEN VERRUNDET.

Zu verrundende Teilflächen ⇨ **Seitenflächen**

Zu entfernende Teilfläche ⇨ **Kopffläche**

 Die letzten drei Elemente werden GE-MUSTERT (Mehrfachauswahl muss vor dem Aufrufen der Funktion vorgenommen werden).

Parameter ⇨ **Exemplare & ungleicher Winkelabstand**

Exemplare ⇨ **3**

Winkelabstand ⇨ **60deg/ 240deg**

Referenzelement ⇨ *RMT* ⇨ **x-Achse**

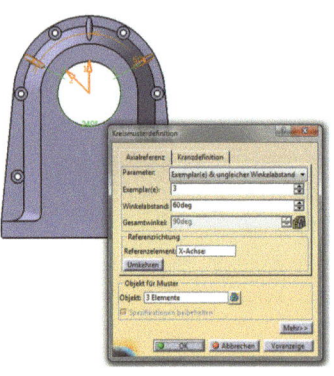

(i) Das Referenzelement kann auch über die Auswahl von zylindrischen oder konischen Flächen definiert werden. Aus der Fläche wird dann automatisch die Achse ermittelt.

Wird die Option *Exemplare und ungleicher Abstand* gewählt, können alle Winkel separat durch einen *Doppelklick LMT* auf das Maß verändert werden. Die Winkel werden erst sichtbar, wenn das Referenzelement bestimmt wurde.

 Erzeugen einer EBENE:

Offset ⇨ **45mm** in negativer z-Richtung

Referenzfläche ⇨ **xy-Ebene**

Auf dieser Ebene wird eine SKIZZE, welche eine Linie beinhaltet, für die nächste Versteifung erstellt.

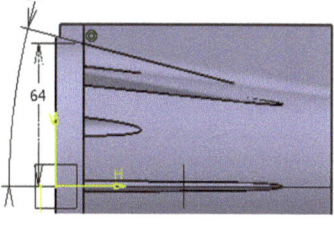

 Für die VERSTEIFUNG wird die erstellte Skizze und folgende Parameter verwendet.

Modus ⇨ **von der Seite**

Aufmaß1 ⇨ **3mm**

Neutrale Faser ⇨ **aktiviert**

 Die Versteifungsrippe wird ebenfalls mit einer AUSZUGSSCHRÄGE versehen.

Winkel ⇨ **9deg**

Teilflächen für Auszugsschräge ⇨ **Seitenflächen** der Rippe

Neutrales Element ⇨ **Kopffläche** der Rippe

Auszugsrichtung ⇨ **zx-Ebene**

Gesteuert durch Referenz ⇨ **deaktiviert**

 Weiterhin wird die Versteifung AUS DREI TANGENTEN VERRUNDET.

Zu verrundende Teilflächen ⇨ **Seitenflächen**

Zu entfernende Teilfläche ⇨ **Kopffläche**

 Die vollständige Rippe (Versteifung, Auszugsschräge, Verrundung) wird an der zx-Ebene GESPIEGELT.

 Erzeugen einer EBENE.

Offset ⇨ **137,5mm** in positiver x-Richtung

Referenzfläche ⇨ **yz-Ebene**

 Auf dieser Ebene wird eine SKIZZE mit insgesamt vier Kreisen in der Reihenfolge D = **42mm**, D = **46mm**, D = **52mm**, D = **62mm** erzeugt. Alle Kreise sind konzentrisch zum Koordinatenursprung.

 Die Skizze wird für einen MEHRFACH-BLOCK mit folgenden Ausprägungen genutzt:

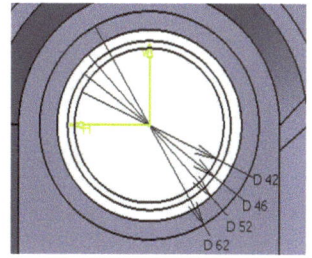

Extrusionsdomäne1 (d = 42mm) ⇨ **0mm**

Extrusionsdomäne2 (d = 46mm) ⇨ **7,5mm**

Extrusionsdomäne3 (d = 52mm) ⇨ **9mm**

Extrusionsdomäne4 (d = 62mm) ⇨ **60mm**

Zur Manipulation muss die jeweilige Extrusionsdomäne angeklickt und der Parameter verändert werden.

 Zur Festlegung der Ausprägungsmaße der einzelnen Extrusionsdomänen wird empfohlen sich an den Werten der Kreisdurchmesser zu orientieren und nicht an den Bezeichnungen der Domänen. Ggf. muss die Extrusionsrichtung umgekehrt werden.

 Das Ergebnis kann mit der Funktion DYNAMISCHER SCHNITT kontrolliert werden.

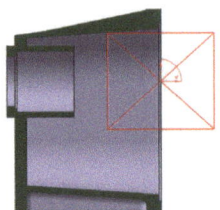

Über die Pfeile und Rotationsachsen der Schnittebene kann diese in ihrer Position und Ausrichtung angepasst werden.

 Erzeugen einer FASE mit folgenden Eigenschaften:

Modus ⇨ **Länge1/Winkel**

Länge1 ⇨ **7,5mm**

Winkel ⇨ **30deg**

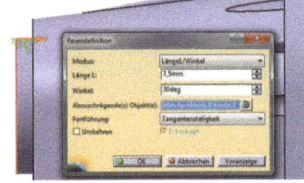

 Die nächste SKIZZE mit insgesamt drei Kreisen (D = **24mm**, **32mm**, **42mm**) wird auf der Innenfläche des Gehäuses platziert.

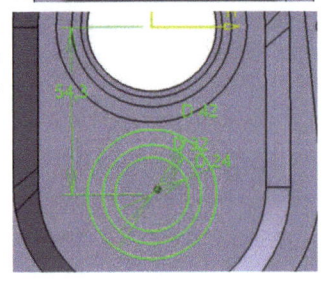

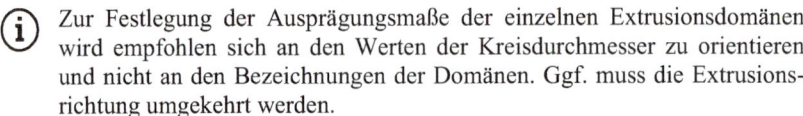 Diese Skizze wird für einen weiteren MEHRFACHBLOCK mit folgenden Ausprägungen genutzt:

Extrusionsdomäne1 (d = 24mm) ⇨ **0mm**

Extrusionsdomäne2 (d = 32mm) ⇨ **32,5mm**

Extrusionsdomäne3 (d = 42mm) ⇨ **42,5mm**

Die Mehrfachblöcke (Lagersitze) müssen mit Rippen versehen werden. Dazu wird auf der zx-Ebene eine SKIZZE erstellt.

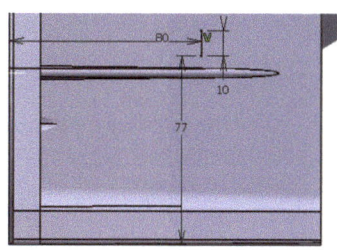

Die Skizze besteht aus einer Linie mit einem horizontalen Abstand von **80mm** und einem vertikalen Abstand von **77mm** zu den Koordinatenebenen sowie einer Länge von **10mm.**

 Für die VERSTEIFUNG wird die Skizze und folgende Parameter verwendet.

Modus ⇨ **von der Seite**

Aufmaß1 ⇨ **3mm**

Neutrale Faser ⇨ **aktiviert**

 Die Rippe wird vollständig VERRUNDET (drei Flächen der Rippe).

Radius ⇨ **1mm.**

 Die Rippe und die Verrundung werden GEMUSTERT. Als Referenzelement dient die zylindrische Fläche des unteren Lagersitzes.

Parameter ⇨ **Vollständiger Kranz**

Exemplare ⇨ **5**

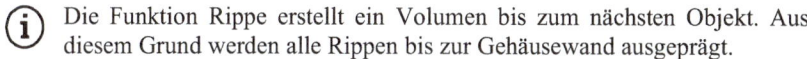

(i) Die Funktion Rippe erstellt ein Volumen bis zum nächsten Objekt. Aus diesem Grund werden alle Rippen bis zur Gehäusewand ausgeprägt.

 Es wird ein weiteres MUSTER der Verrundung und der Rippe mit den gleichen Eigenschaften erstellt. Als Referenzelement wird in diesem Fall die obere Lagerschale genutzt.

 Erzeugen einer EBENE (Offset = **45,5mm** in positiver x-Richtung). Die Referenzfläche ist die *yz-Ebene.*

 Auf dieser Ebene wird in einer SKIZZE ein Kreis mit einem Durchmesser von **50mm** erzeugt. Der Kreis ist konzentrisch zur unteren Lagerschale.

 Die Skizze wird als BLOCK ausgeprägt.

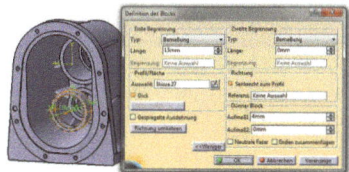

Länge ⇨ **15 mm** in negativer x-Richtg.

Profil ⇨ **dick**

Aufmaß1 ⇨ **4mm**

Auf der gleichen Ebene der vorherigen Skizze wird eine weitere SKIZZE erstellt.

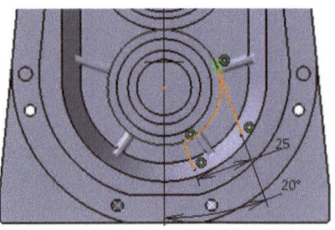

Die Geometrie kann dabei als Profil erzeugt oder aus der unteren Lagerschale (vorherige Skizze) abgeleitet werden.

Die Abstützung ist tangential zum äußeren Ring der Lagerschale. Die äußeren Punkte sind mit der Gehäusewand kongruent.

 Das erzeugte Profil kann in diesem Fall offen bleiben, da die Wand des Gehäuses die untere Begrenzung bildet.

 Die Skizze wird für einen BLOCK genutzt (*negative x-Richtung*).

Länge ⇨ **5mm**

 Die letzte Ausprägung wird an der *zx-Ebene* GESPIEGELT.

Im Weiteren sollen in den Lagersitzen zwei Nuten erzeugt werden.

 Für die erste Nut wird eine SKIZZE auf der *zx-Ebene* benötigt. Die Kontur kann als ein Rechteck erzeugt werden und ist anschließend vollständig zu bemaßen.

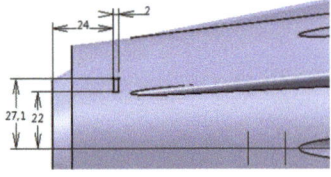

 Die Skizze als NUT rotiert.

Winkel ⇨ **360deg**

 Die SKIZZE der zweiten Nut wird ebenfalls auf der *zx-Ebene* platziert und anschließend mit der Funktion NUT rotiert.

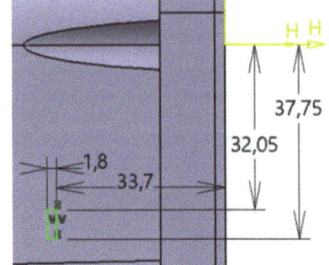

Winkel ⇨ **360deg**

 Erzeugen einer EBENE:

Offset ⇨ **80mm** in negativer z-Richtung

Referenzfläche ⇨ **xy-Ebene**

Auf dieser Ebene wird eine SKIZZE für den Fuß des Gehäuses erstellt. Dazu wird ein Rechteck gemäß der Abbildung erzeugt.

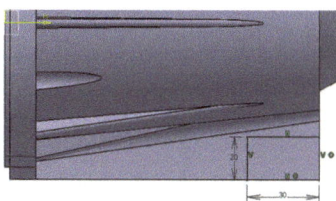

 Die Skizze wird als BLOCK ausgeprägt.

⇨ Mehr>>

Erste Begrenzung ⇨ Länge ⇨ **40mm**

Zweite Begrenzung ⇨ Länge ⇨ **-30mm**

 Um die Schrauben zu versenken, wird zunächst eine weitere SKIZZE auf der erstellten Ebene angelegt.

 Die Skizze wird als TASCHE in negativer z-Richtung ausgeprägt.

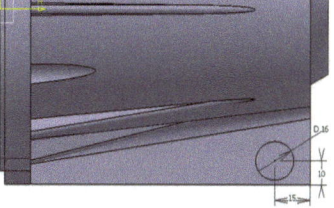

Tiefe ⇨ **25mm**

 Auf dem Boden des Fußes wird eine BOHRUNG zur Befestigung erzeugt. Der Bohrungsmittelpunkt ist dabei konzentrisch zur Skizze der Tasche.

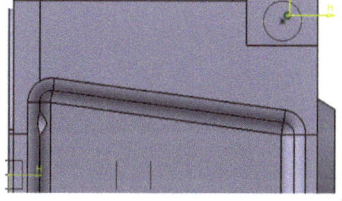

Bohrdurchmesser ⇨ **9mm**

Bohrtyp ⇨ **Bis zum nächsten**

 Zur Vervollständigung der Auflageflächen wird ein RECHTECKMUSTER erstellt. Der Block, die Tasche und die Bohrung des Fußes werden gemeinsam gemustert (Mehrfachauswahl mit gedrückter **Strg-Taste**). Ggf. muss die Richtung umgekehrt werden.

Parameter ⇨ **Exemplare & Abstand**

Exemplare ⇨ **2**

Abstand x-Richtung ⇨ **90mm**

Abstand y-Richtung ⇨ **125mm**

 Zur Definition der *ersten* und der *zweiten Richtung des Rechteckmusters* können sämtliche im Modell vorhandenen Linien, Kanten und Flächen sowie die Achsen und Ebenen des Koordinatensystems verwendet werden.

Für die Zentrierung wird die erste BOHRUNG konzentrisch zu einer der bereits im Flansch vorhandenen Bohrungen erzeugt.

Bohrtyp ⇨ **Bis zum nächsten**

Bohrdurchmesser ⇨ **6mm**

 Die Kante der Bohrung wird auf der Flanschseite mit einer Fase versehen.

Modus ⇨ **Länge1/Winkel**

Länge1 ⇨ **1mm**

Winkel ⇨ **45deg**

 Die zweite Bohrung kann durch SPIEGELN der Bohrung und der Fase erzeugt werden. Die Symmetrieebene ist die zx-Ebene.

 Da das erzeugte CAD-Modell ein Gussteil darstellt, können im letzten Schritt eigenständig alle VERRUNDUNGEN erzeugt werden (Radius **1mm**). Alle nachbearbeiteten Bereiche, wie z. B. Lagersitze oder Senkbohrungen, werden nicht verrundet.

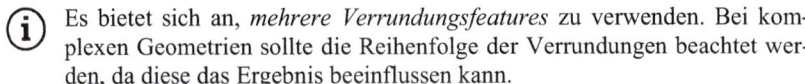 Es bietet sich an, *mehrere Verrundungsfeatures* zu verwenden. Bei komplexen Geometrien sollte die Reihenfolge der Verrundungen beachtet werden, da diese das Ergebnis beeinflussen kann.

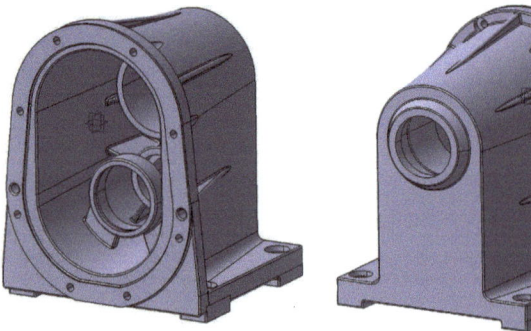

 Abschließend können alle verwendeten *geometrischen Sets* und die erstellten *Ebenen ausgeblendet* werden.

 Weiterhin wird dem Hauptkörper das MATERIAL *Stahl* zugewiesen und das Modell unter dem Namen *Gehaeuse_Abtriebsseite* ABGESPEICHERT.

3.10 Makrobasierte Zahnraderstellung und Anpassen von Teilevorgaben

 Bevor die Baugruppe vollständig zusammengebaut werden kann, werden noch einige Teile benötigt. Diese können im Fall der Zahnräder sehr effizient mit einem Makro erzeugt werden oder auf Basis bereits vorhandener Modelle abgeleitet werden.

Zur besseren Unterscheidung der Bauteile im späteren Zusammenbau empfiehlt es sich jedes Bauteil individuell einzufärben. Das Ändern einer Farbe wird bereits beherrscht und kann selbstständig durchgeführt werden.

 Für die Erstellung von Zahnrädern kann in CATIA V5 ein von den Autoren erstelltes Makro verwendet werden, welches die Geometrie auf Basis weniger Parameter automatisch erzeugt. Das spart Zeit, vermeidet Fehler und sorgt für konsistente Ergebnisse – besonders bei mehreren Varianten.

Das Makro ist unter dem Dateinamen „Zahnradgenerator_20241206.catvba" in den digitalen Unterlagen dieses Kapitels zu finden.

Zahnrad 1 (47 20)

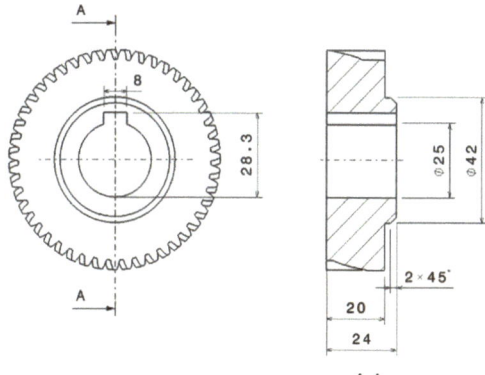

 Es wird ein *neues Part* mit dem Namen *Zahnrad_47_20* erstellt und das Makro hierzu angewendet.

Tools ⇨ *Makro* ⇨ *Makros*
Warnmeldung ggf. mit **OK** *bestätigen*
Im folgenden Dialog auf **Makrobibliotheken** *klicken*

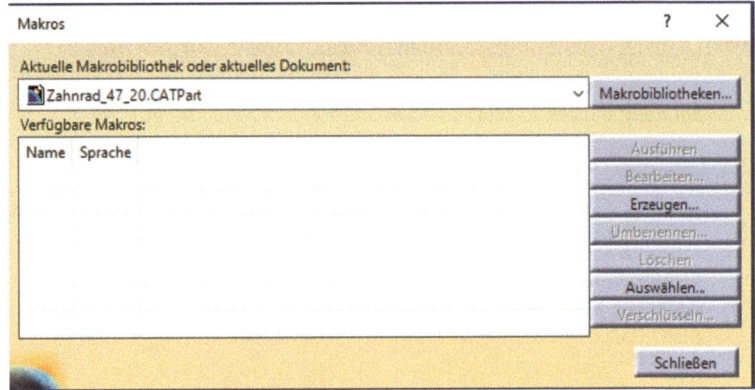

Dropdown: **VBA-Projekte auswählen** ⇨
Vorhandene Bibliothek hinzufügen ⇨ *Zahnradgenerator_20241206.catvba*

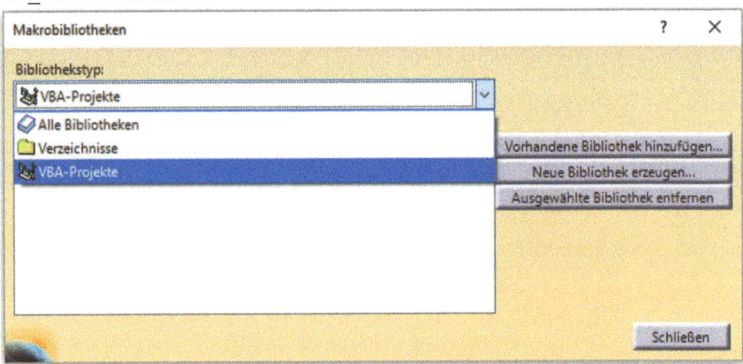

Nach erfolgreichem Import der Bibliothek erscheint dieses mit Dateipfad im Dialogfenster „Makrobibliotheken"

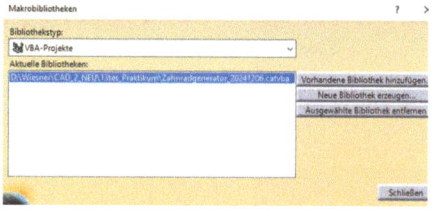

Dieses Makro nun mit Doppelklick öffnen oder alternativ auswählen und **Schließen** klicken

Im Makro den Eintrag *Zahnradgenerator* auswählen und ausführen
⇨ *Ausführen*

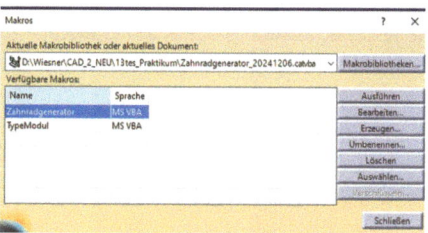

Für das erste Zahnrad werden folgende Parameter verwendet:

Dicke ⇨ **20mm**

Zähnezahl ⇨ **47**

Modul ⇨ **1,5**

Kopfspielfaktor ⇨ **0,1**

Zahnfußfaktor ⇨ **0,1**

Profilversch.faktor ⇨ **-0,6**

Zahneingriffswinkel ⇨ **20deg**

Schrägverzahnt ⇨ ✓

Linkssteigend ⇨ ✓

Schrägungswinkel ⇨ **5°**

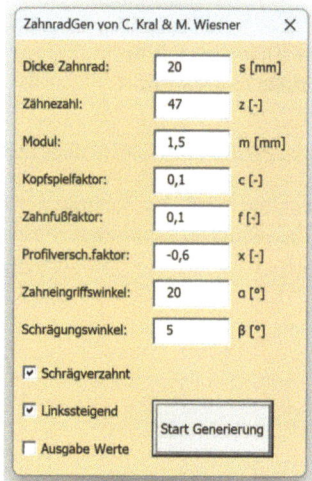

Anschließend wird das Dialogfenster bestätigt und das Zahnrad mit den neuen Parameterwerten erzeugt

⇨ **Start Generierung**

⇨ **Schließen des Dialogfensters**

 Auf einer planaren Fläche des Zahnrades wird eine SKIZZE angelegt. Die Skizze enthält einen Kreis.

Durchmesser ⇨ **42mm**

 Die erzeugte Skizze wird als BLOCK ausgeprägt.

Länge ⇨ **4mm**

 Die Kante am Ende des Blocks wird mit einer FASE versehen.

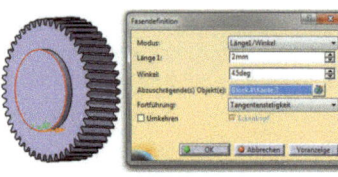

Modus ⇨ **Länge1/Winkel**

Länge1 ⇨ **2mm**

Winkel ⇨ **45deg**

 Um das Zahnrad auf die Welle aufbringen zu können, muss eine Tasche erzeugt werden. Dazu wird eine SKIZZE erstellt, welche ein SCHLÜSSELLOCH-PROFIL beinhaltet

Radius ⇨ **12,5mm**

Unterer Radius ⇨ **4 mm**

Profilgröße ⇨ **15,8mm**

 Die Skizze wird als TASCHE über die gesamte Breite ausgeprägt.

 Zum Schluss wird das Zahnrad *hellblau* eingefärbt, das *Material* Stahl zugewiesen und unter dem Namen *Zahnrad_47_20* GESPEICHERT.

Zahnrad 2 (47 106)

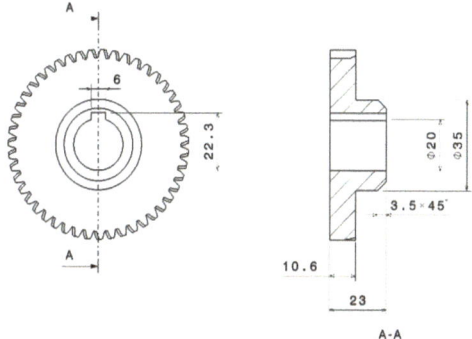

Das zweite Zahnrad wird auf dem gleichen Weg wie das erste Zahnrad erzeugt.

 Es wird ein *neues 3D-Teil* erstellt.

Für das EINFÜGEN DES MAKROS werden folgende Parameter verwendet:

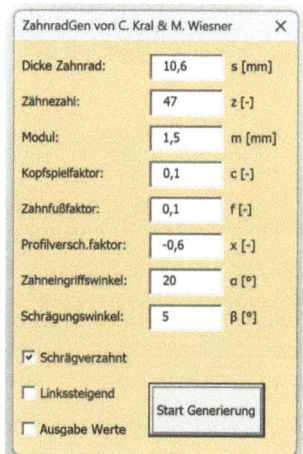

Breite ⇨ **10,6 mm**

Zähnezahl ⇨ **47**

Modul ⇨ **1,5**

Kopfspielfaktor ⇨ **0,1**

Zahnfußfaktor ⇨ **0,1**

Profilversch.faktor ⇨ **-0,6**

Zahneingriffswinkel ⇨ **20deg**

Schrägungswinkel ⇨ **5°**

 Auf einer planaren Fläche des Zahnrades wird eine SKIZZE mit einem KREIS angelegt.

Durchmesser ⇨ **35mm**

 Die Skizze wird als BLOCK extrudiert.

Länge ⇨ **12,4mm**

Am Ende des Blocks wird eine FASE angebracht:

Modus ⇨ **Länge1/Winkel**

Länge1 ⇨ **3,5mm**

Winkel ⇨ **45deg**

 In der SKIZZE für die Tasche kann ein SCHLÜSSELLOCHPROFIL verwendet werden. Der untere Kreisbogen muss entfernt und durch eine Linie ersetzt werden.

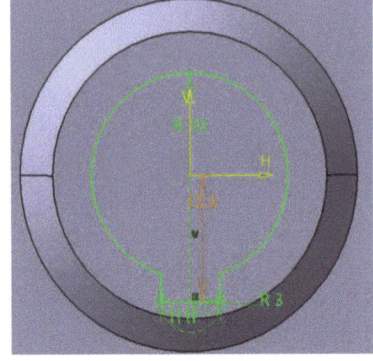

Länge des Profils ⇨ **12,3mm**

Hauptradius ⇨ **10mm**

Kleinerer Radius ⇨ **3mm**

 Erzeugen der TASCHE

Das Zahnrad wird *hellbraun* eingefärbt und das *Material* Stahl zugewiesen.

 Anschließend SPEICHERN des Zahnrades unter dem Namen *Zahnrad_47_106*.

Zahnrad 3 (27 15)

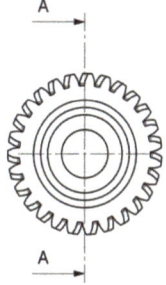 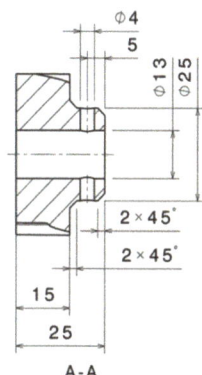

A-A

 Es wird ein neues Part erstellt.

Für das EINFÜGEN DES MAKROS werden folgende Parameter verwendet:

Breite ⇨ **15mm**

Zähnezahl ⇨ **27**

Modul ⇨ **1,5mm**

Kopfspielfaktor ⇨ **0,1mm**

Zahnfußfaktor ⇨ **0,1mm**

Profilversch.faktor ⇨ **-0,2mm**

Zahneingriffswinkel ⇨ **20°**

Schrägverzahnt ⇨ ✓

Linkssteigend ⇨ ✓

Schrägungswinkel ⇨ **5°**

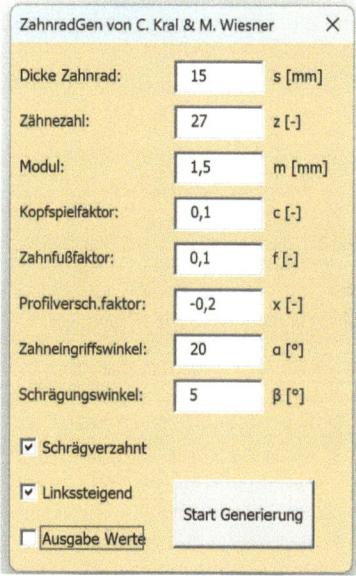

 Der Aufsatz wird durch eine Skizze und einen BLOCK mit den Parametern dargestellt.

 Durchmesser ⇨ **25mm**

Länge ⇨ **10mm**

Das Modell wird mit zwei FA-
SEN versehen.

Modus ⇨ **Länge1/Winkel**

Länge1 ⇨ **2mm**

Winkel ⇨ **45deg**

 Anschließend wird eine axiale
BOHRUNG konzentrisch zum
Wellenabsatz erzeugt.

Um die Bohrung effizient zu
erzeugen erst die Kante auswählen und dann die Bohrungs-
funktion aufrufen und dann auf
die Fläche klicken.

Durchmesser ⇨ **13mm**

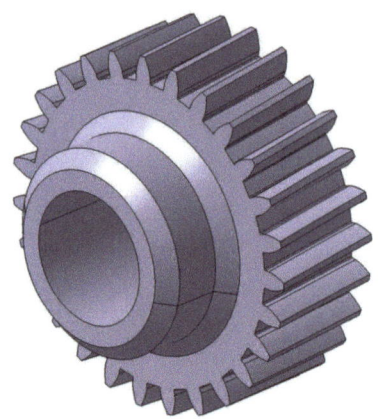

(i) Das Zahnrad soll später im Zusammenbau des Getriebes mit einem Stift
axial fixiert werden. Zur Definition der Bohrung wird eine *Ebene als Stützelement* benötigt.

 Die EBENE wird durch folgende
Parameter definiert:

Typ ⇨ **Offset von Ebene**

Referenz ⇨ **yz-Ebene**

Offset ⇨ **12,5mm**

 Skizze auf dieser Ebene erstellen. Einen Punkt auf der Z-
Achse erzeugen

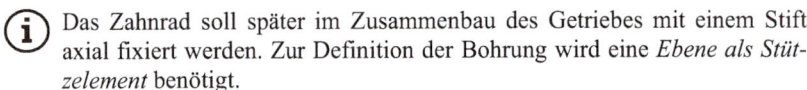

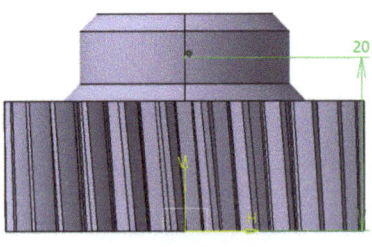

 Erzeugten Skizzenpunkt auswählen, dann die Bohrungs-
funktion aufrufen und die Offsetebene auswählen

Bohrtyp ⇨ **Bis zum letzten**

Bohrungsdurchmesser ⇨ **4mm**

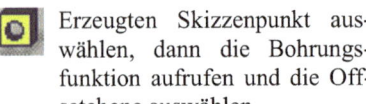 Das vollständige Zahnrad wird
blau eingefärbt, mit dem Mate-
rial Stahl versehen und unter
dem Namen *Zahnrad_27_15*
GESPEICHERT.

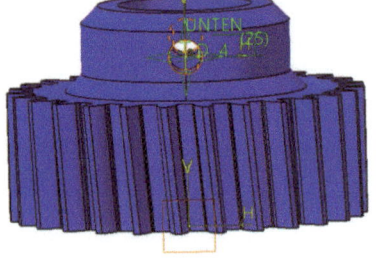

Ritzelwelle

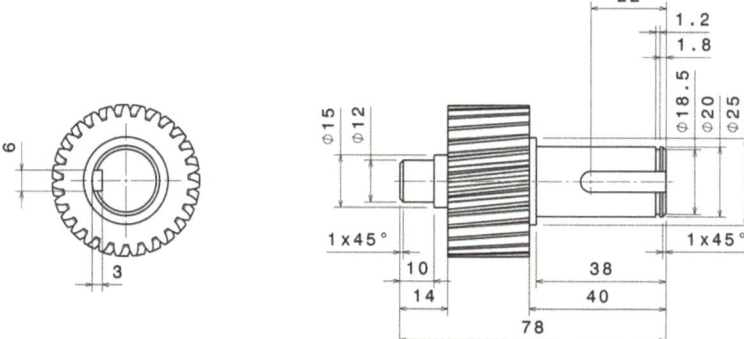

 Erstellen eines *neuen Parts* mit dem Namen *Ritzelwelle*.

Auch die Ritzelwelle wird mit Hilfe des MAKROS aufgebaut. Dafür werden folgende Parameter verwendet:

Breite ⇨ **24mm**

Zähnezahl ⇨ **27**

Modul ⇨ **1,5mm**

Kopfspielfaktor ⇨ **0,1mm**

Zahnfußfaktor ⇨ **0,1mm**

Profilversch.faktor ⇨ **-0,2mm**

Zahneingriffswinkel ⇨ **20°**

Schrägverzahnt ⇨ ✓

Linkssteigend ⇨ ✓

Schrägungswinkel ⇨ **5°**

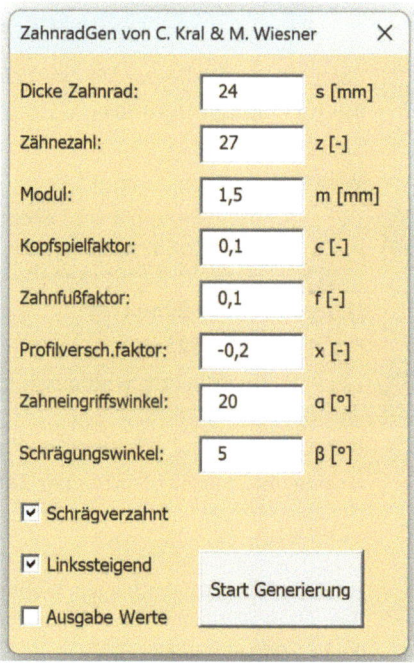

Zunächst wird auf der Seitenfläche des Zahnrads eine SKIZZE mit zwei zum Zahnrad konzentrischen KREISEN erzeugt.

Durchmesser1 ⇨ **15mm**

Durchmesser2 ⇨ **12mm**

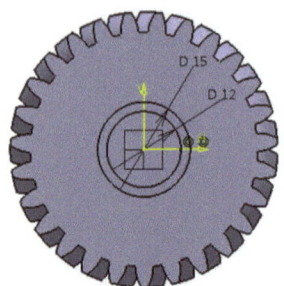

 Beide Wellenzapfen werden mit einem MEHRFACHBLOCK modelliert.

Extrusionsdomäne1 (d=12mm) ⇨ **14mm**

Extrusionsdomäne2 (d=15mm) ⇨ **4mm**

 Am Ende des Wellenzapfens wird eine FASE erzeugt:

Modus ⇨ **Länge1/Winkel**

Länge1 ⇨ **1mm**

Winkel ⇨ **45deg**

 Der andere Wellenzapfen wird ebenfalls durch einen Mehrfachblock dargestellt. Dazu werden in einer SKIZZE auf der anderen Zahnradseite ebenfalls zwei konzentrische Kreise erzeugt:

Durchmesser1 ⇨ **20mm**

Durchmesser2 ⇨ **25mm**

 Der MEHRFACHBLOCK wird durch folgende Parameter definiert:

Extrusionsdomäne1 (d=20mm)⇨ **40mm**

Extrusionsdomäne2 (d=25mm)⇨ **2mm**

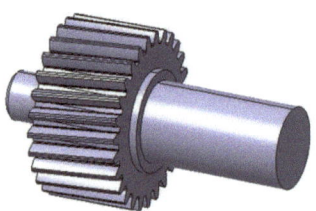

 Anschließend soll am langen Wellenabsatz eine Passfedernut erzeugt werden. Dazu ist zunächst eine EBENE notwendig.

Typ ⇨ **Offset von Ebene**

Referenz ⇨ **zx-Ebene**

Offset ⇨ **10mm**

Auf dieser Ebene wird nun eine SKIZZE angelegt.

 Abstand ⇨ **22mm**

Länge ⇨ **25mm**

Radius ⇨ **3mm**

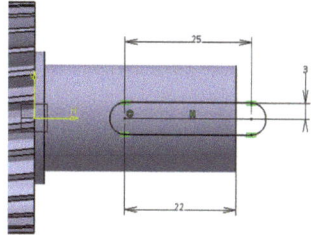

 Die Skizze wird als TASCHE ausgeprägt.

Tiefe ⇨ **3mm**

 Für den Sicherungsring wird eine SKIZZE auf der yz-Ebene erzeugt.

Entfernung von der Achse ⇨ **9,25mm**

Breite ⇨ **1,2mm**

Entfernung zum Wellenende ⇨ **1,8mm**

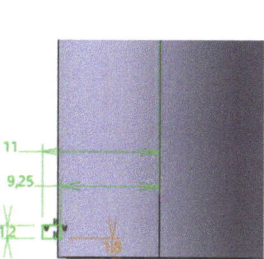

 Diese Skizze wird mit der Funktion NUT rotiert.

Winkel ⇨ **360deg**

Rotationsachse ⇨ **Achse der Welle**

 Das vollständige Ritzel wird unter dem Namen Ritzelwelle gespeichert.

3.11 Erzeugen der Dichtung

Die Flanschfläche der antriebsseitigen Gehäusehälfte (Teil muss geöffnet werden) soll weiterhin für die Modellierung der Dichtung genutzt werden.

 Dazu wird zunächst ein *neues Part* mit dem Namen *Dichtung* angelegt und ein neues GEOMETRISCHES SET mit dem Namen *Flansch* eingefügt.

Die Ableitung der Fläche des *Gehäuse_Antriebsseite* wird *kopiert*.

⇨ *RMT auf Ableiten.1* ⇨ *kopieren*

Diese Ableitung wird in dem Geometrischen Set der Dichtung als Verknüpfung eingefügt.

⇨ *RMT auf Flansch* ⇨ *Einfügen Spezial*

⇨ *Als Ergebnis mit Verknüpfung*

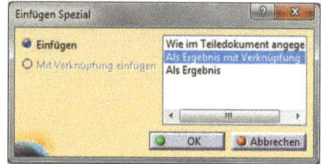

Danach wird der *Hauptkörper* als *Objekt in Bearbeitung* definiert und die eingefügte Fläche mit der Funktion AUFMAßFLÄCHE extrudiert.

Erster Offset ⇨ **1mm**

 Das geometrische Set wird ausgeblendet und alle Kanten der Dichtung werden VERRUNDET.

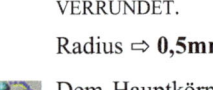

Radius ⇨ **0,5mm**

 Dem Hauptkörper wird das Material *Gummi* und die Farbe *Lila* zugewiesen.

 Anschließend wird das Modell unter dem Namen *Dichtung* GESPEICHERT.

3.12 Kontrollfragen

1. Wie können Features editiert werden?

2. Welche zusätzlichen Elemente werden benötigt, um eine Bohrung oder eine Tasche auf einer nichtebenen Fläche (z. B. Mantelfläche eines Zylinders) zu erstellen?

3. Wie wird aus Flächen ein Volumenkörper erzeugt?

4. Welche Musterarten gibt es?

5. Wozu dienen Parameter?

4 Baugruppenerstellung

 Die Erstellung von Baugruppen erfolgt in der Umgebung ASSEMBLY DE-SIGN. Das Aufrufen der Umgebung erfolgt über das *Öffnen eines neuen Dokuments (Product)* oder über *Start* ⇨ *Mechanische Konstruktion* ⇨ *Assembly Design*.

4.1 Einfügen von Komponenten

Eine Baugruppe (Product1) kann aus Einzelteilen und Unterbaugruppen bestehen, welche im Strukturbaum aufgeführt werden.

Die Einzelteile werden über Bedingungen zueinander positioniert und somit zusammengebaut. Alle Zusammenbaubedingungen werden in dem zusätzlichen Container Bedingungen gespeichert.

 Das Einfügen von beliebigen bereits vorhandenen Bauteilen geschieht über die Funktion VORHANDENE KOMPONENTE. Ziel im Strukturbaum per LMT „Product1" wählen; das Teil wird „Product1" untergeordnet.

 Leere Teile können über die Funktion TEIL einem Produkt untergeordnet werden. Zum Einfügen muss ein Zielprodukt definiert werden (z. B. Product1).

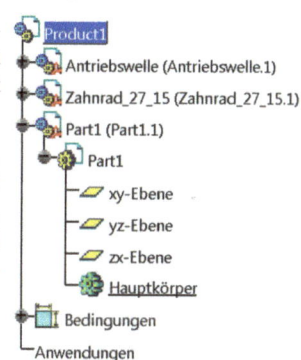

Zum Bearbeiten des Teils muss das Part1 (*Doppelklick LMT*) aktiviert werden. Dabei wird automatisch in die Teileumgebung (z. B. Part Design) gewechselt und das Bauteil kann unter der Berücksichtigung des Zusammenbaus konstruiert werden.

Das neue Teil kann mit Informationen (z. B. Geometrie) gefüllt werden. Die Baugruppe wird wieder mit einem *Doppelklick LMT* aktiviert. Alle Funktionen zur Baugruppenerstellung stehen somit wieder zur Verfügung.

Ergänzende Information Die elektronische Version dieses Kapitels enthält Zusatzmaterial, auf das über folgenden Link zugegriffen werden kann https://doi.org/10.1007/978-3-658-50023-8_4.

© Der/die Autor(en), exklusiv lizenziert an
Springer Fachmedien Wiesbaden GmbH, ein Teil von Springer Nature 2026
M. Schabacker (Hrsg.), *CATIA V5 – kurz und bündig*,
https://doi.org/10.1007/978-3-658-50023-8_4

Unterbaugruppen können über die Funktion PRODUKT eingefügt werden.

Neue Teile und neu eingefügte Unterbaugruppen werden beim Speichern der Baugruppe als neues Teil bzw. neues Produkt in einer separaten Datei abgespeichert.

 Die Funktion KOMPONENTE erzeugt eine neue Unterbaugruppe. Komponenten werden im Gegensatz zum Produkt nicht als separate Datei abgelegt.

4.2 Bewegen von Teilen und Komponenten

Beim Einfügen von mehreren Bauteilen werden diese häufig an der gleichen Stelle eingefügt. Durch die Verwendung der folgenden Funktionen kann die Erstellung einer Baugruppe erleichtert werden.

 Die Funktion ZERLEGEN verschiebt je nach der gewählten Einstellung die Teile so im Raum, dass sie nicht mehr übereinander liegen.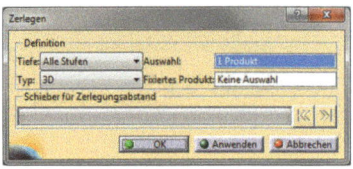

Die Position eines fixierten Teils ändert sich nicht.

 Einzelteile können durch die MANIPULATION in bestimmte Richtungen verschoben werden. Es stehen folgende Möglichkeiten zur Verfügung:

• Verschieben entlang einer Achse

• Verschieben entlang einer Ebene

• Rotation um eine Achse

Hierfür können Koordinatenachsen oder eigene Achsen eines Bauteils verwendet werden.

Bei Aktivierung der Option IN BEZUG AUF BEDINGUNG werden nur Bewegungen zugelassen, welche im Rahmen der bereits erzeugten Bedingungen möglich sind.

 Wird die Funktion MANIPULATION BEI KOLLISION STOPPEN aktiviert, kann bei gleichzeitiger Aktivierung der Funktion IN BEZUG AUF BEDINGUNG ein Bauteil bewegt werden, bis es zur Kollision mit einem anderen Teil kommt.

Alternativ lassen sich Bauteile durch den KOMPASS frei im Raum bewegen.

Der Kompass kann frei an beliebigen Flächen eines Bauteils positioniert werden.

⇨ *LMT am roten Punkt gedrückt halten*

⇨ *Kompass auf eine Fläche ziehen*

Er richtet sich automatisch an den jeweiligen Koordinaten einer Komponente aus. Zum freien Navigieren kann der Kompass bei gedrückter LMT an den Achsen gezogen werden.

 Mit der Funktion VERSETZEN lassen sich Bauteile schnell an anderen Bauteilen ausrichten.

Es können z. B. zwei Flächen verschiedener Komponenten nacheinander gewählt und dann die Funktion beendet werden (*LMT auf freien Bereich*). Die beiden Flächen werden nun aufeinander positioniert. Die Richtungen der Normalenvektoren können durch die grünen Pfeile verändert werden.

4.3 Erstellen von Bedingungen

Zur Positionierung einzelner Bauteile zueinander stehen verschiedene BEDINGUNGEN zur Verfügung. Im Unterschied zum Bewegen werden diese Positionen gespeichert und aktualisiert, z. B. bei Änderungen der Geometrie.

	KONGRUENZBEDINGUNG	Achsen und Kanten verschiedener Körper werden kongruent angeordnet.
	KONTAKTBEDINGUNG	Zwei ausgewählte Flächen verschiedener Teile werden aufeinander positioniert.
	OFFSETBEDINGUNG	Diese Bedingung definiert einen Abstand (Offset) zwischen zwei Kanten, Achsen oder Flächen und richtet diese parallel zueinander aus.
	WINKELBEDINGUNG	Sowohl Flächen als auch Kanten und Achsen können angewählt und über einen Winkel zueinander ausgerichtet werden

KOMPONENTE FIXIEREN Wird ein Teil mit dieser Bedingung versehen, so wird der momentane Ort im Raum für dieses Teil fixiert. Andere Teile können nun an diesem Teil ausgerichtet werden. Diese Bedingung wird meistens bei dem zuerst eingefügten Bauteil einer Baugruppe angewendet.

 GRUPPIEREN Gruppierte Elemente verhalten sich bei Animationen, als wären sie ein Teil.

 BEDINGUNGEN ÄNDERN Ermöglicht das leichte Ändern von Bedingungen. Wird eine Bedingung ausgewählt, schlägt das System Alternativen zu dieser Bedingung vor.

 SYMMETRIE Eingefügte Teile können an Ebenen oder Flächen gespiegelt werden.

 MUSTER WIEDERVER-
WENDEN Erstellte Muster können beim Modellieren für Einzelteile wieder verwendet werden.

4.4 Aufbereiten von Baugruppen

 Über Verdecken/Anzeigen können Teile und Bedingungen in den nicht sichtbaren Bereich verschoben werden.

 Mit der Funktion SICHTBAREN RAUM UMSCHALTEN kann zwischen dem sichtbaren und unsichtbaren Bereich gewechselt werden.

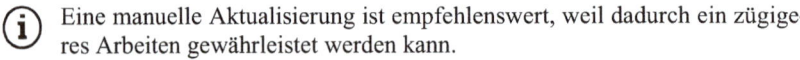 Bei verschiedenen Veränderungen (z. B. Einfügen einer neuen Bedingung) muss das Produkt AKTUALISIERT werden. Alle Verknüpfungen und Bedingungen werden somit neu berechnet.

Soll eine automatische Aktualisierung erfolgen, muss dies in den Optionen eingestellt werden.

⇨ *Tools* ⇨ *Optionen* ⇨ *Mechanische Konstruktion* ⇨ *Assembly Design*

⇨ *Registerkarte Allgemein* ⇨ *Aktualisieren*

(i) Eine manuelle Aktualisierung ist empfehlenswert, weil dadurch ein zügigeres Arbeiten gewährleistet werden kann.

 Normteile wie z. B. Schrauben oder Muttern müssen nicht modelliert werden, sondern stehen in einem KATALOGBROWSER zur Verfügung. Das Einfügen erfolgt über

⇨ *Katalogbrowser* ⇨ *wählen des gewünschten Normteils*

⇨ *bestätigen des ausgewählten Elements mit einem Doppelklick*

Das gewählte Normteil wird in die aktive Baugruppe eingefügt.

Wurden bei der Einzelteilkonstruktion keine Materialien zugewiesen, so kann dies auch in der Umgebung des Assembly Designs erfolgen. Das Zuweisen eines Materials erfolgt analog zur Einzelteilkonstruktion.

 Es ist jedoch zu empfehlen, Materialien bereits bei der Modellierung eines Einzelteils zu vergeben und dies auch durchgängig beizubehalten.

4.5 Baugruppenkomponenten

Eine Baugruppe kann an definierten Ebenen beliebiger Teile GETRENNT werden. Alle zu trennenden Komponenten müssen in das Fenster Betroffene Teile gewählt werden.

Die Funktion TRENNEN wird in jedem Bauteil ausgeführt.

Weiterhin wird diese Funktion im Strukturbaum unter Baugruppenkomponenten gespeichert und kann dort bearbeitet oder gelöscht werden.

Die Funktionen Bohrung, Tasche, Hinzufügen und Entfernen werden analog angewendet.

4.6 Zusammenbau des Getriebes

Nachdem in den vorherigen Abschnitten die Grundlagen des Assembly Designs erläutert wurden, wird in diesem Abschnitt der Zusammenbau des Getriebes erstellt. Dabei werden die charakteristischen Funktionseinheiten zunächst in Unterbaugruppen zusammengefasst. Aus diesen Unterbaugruppen wird dann der Gesamtzusammenbau des Getriebes gebildet.

Unterbaugruppe „bg_Antriebswelle"

Am Beispiel der Unterbaugruppe der Antriebswelle wird der Zusammenbau einer Baugruppe gemäß der folgenden Vorgehensweise Schritt für
Schritt erklärt:

   I.   Antriebswelle

  II.   Zahnrad_27_15

  III. Rillenkugellager_17_40

  IV. Rillenkugellager_15_42

  V.   Bolzen (wird innerhalb des Zusammenbaus modelliert)

  VI. Passfeder (ISO 2491 25x5x3 FORM A THIN PARALLEL KEY)

  VII. Huelse_15_21

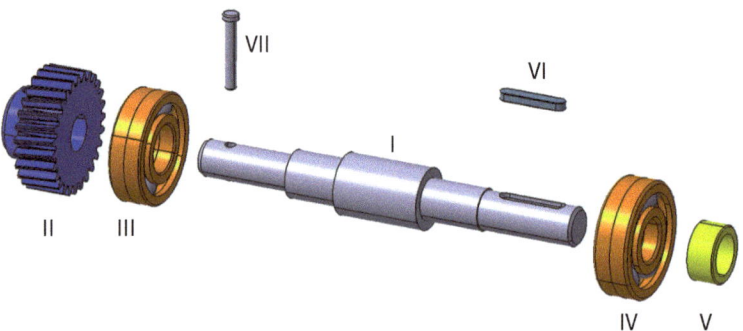

 Öffnen eines neuen Produktes (*Start* ⇨ *Mechanische Konstruktion* ⇨ *Assembly Design*)

Umbenennen des Produktes in bg_Antriebswelle (*RMT* ⇨ *Eigenschaften* ⇨
Teilenummer)

Einfügen der ersten beiden Bauteile
Antriebswelle und *Zahnrad_27_15* in
das Produkt.

 Dies geschieht über die Funktion
VORHANDENE KOMPONENTE.

  ⇨ *Produkt anklicken*

  ⇨ *Antriebwelle im Dialogfenster auswählen*

Zunächst muss ein TEIL FIXIERT werden. Als fixiertes Teil wird die *Antriebswelle* ausgewählt. Alle anderen Teile können somit zu der Welle ausgerichtet werden.

 Die erste Bedingung ist eine KONGRUENZBEDINGUNG zwischen der Wellenachse und der Achse des Zahnrades.

 Wird das Zahnrad falsch herum zur Wellenachse platziert, so kann es über MANIPULATION (z. B. Drehung um die z-Achse) gedreht oder durch Einfügen einer zusätzlichen Kontakt- bzw. Offsetbedingung richtig ausgerichtet werden.

 Dies erfordert eine erneute AKTUALISIERUNG des Produktes.

Strg+U

 Rotationsachsen werden eingeblendet, sobald die Bedingungen aktiviert sind und die Achsen mit der Maus überfahren werden. Alle erstellten Bedingungen werden im Strukturbaum aufgelistet und können dort wieder aufgerufen, bearbeitet oder gelöscht werden.

 Die zweite KONGRUENZBEDINGUNG wird zwischen den Bohrungen zur axialen Sicherung erzeugt.

 Die erzeugten Bedingungen werden durch entsprechende Symbole visualisiert aber noch nicht ausgeführt. Nach jeder neuen Bedingung muss das *Strg+U* Produkt erneut AKTUALISIERT werden.

Alle Freiheitsgrade des Zahnrades sind jetzt eliminiert.

 Anschließend werden die Lager *Kugellager_17_40* und *Kugellager_15_42* in die Baugruppe eingefügt (VORHANDENE KOMPONENTE).

Das *Kugellager_17_40* wird dabei auf dem Wellenabsatz auf der Seite des Zahnrades positioniert.

 Beide Lager werden KONGRUENT zur Wellenachse ausgerichtet. Weiterhin wird jeweils ein FLÄCHENKONTAKT zwischen dem jeweiligen Lager und dem dazugehörigen Wellenabsatz erstellt.

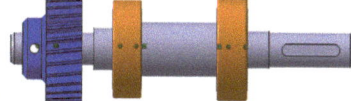

Beide Lager können noch um ihre Achse rotieren. Diese Rotation ist für die Baugruppe zulässig. Sie hat keine Auswirkungen auf andere Bauteile. Der Freiheitsgrad kann jedoch auch durch eine Ausrichtung der Ebenen unterbunden werden.

Modellieren eines Bauteils innerhalb des Zusammenbaus

Dass Zahnrad soll durch einen Bolzen gesichert werden. Dieser Bolzen soll innerhalb der Baugruppe modelliert werden. Dazu wird die Funktion TEIL ausgewählt und danach das Zielprodukt (bg_Antriebswelle) im Strukturbaum angeklickt.

Der nachfolgende Dialog zur Auswahl eines neuen Ursprungspunktes für das Teil wird mit Nein geschlossen.

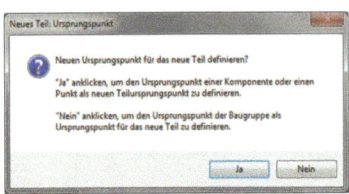

Somit bildet der Ursprungspunkt der Baugruppe, also der des ersten eingefügten Bauteils, den Ursprung des neuen Teils.

Im Strukturbaum erscheint ein neues Teil (*Teil1*), welches in *Bolzen* umbenannt wird.

Der Strukturbaum wird erweitert und mit einem *Doppelklick auf den Hauptkörpe*r in das PART DESIGN gewechselt.

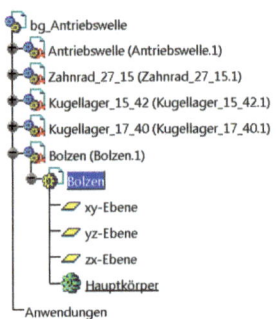

 Hierbei kann auch in eine andere Umgebung z. B. das Generative Shape Design gewechselt werden.

 Auf der *yz-Ebene* wird eine SKIZZE angelegt und die Kontur der Bohrung abgeleitet (3D-ELEMENTE PROJIZIEREN).

 Die Skizze wird als BLOCK ausgeprägt.

Länge ⇨ **13mm**

⇨ *Gespiegelte Ausdehnung*

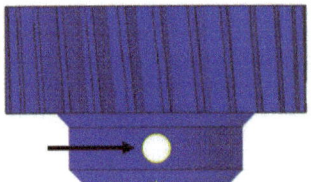

Der Bolzen kann selbstständig gemäß der Abbildung modelliert werden.

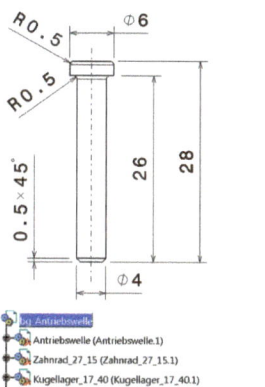

Anschließend wird mit *einen Doppel-klick LMT* auf das Produkt im Strukturbaum (*bg_Antrieb*) wieder in die ASSEMBLY DESIGN Umgebung gewechselt.

Für die restliche Modellierung kann der Bolzen auch aus der Baugruppe heraus in einem separaten Fenster geöffnet werden.

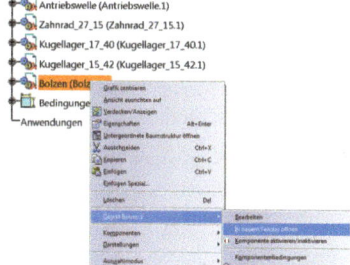

⇨ *RMT auf Bolzen*

⇨ *Objekt Bolzen.1*

⇨ *In neuem Fenster öffnen*

Der Bolzen wurde zwar bereits in seiner Position im Zusammenbau modelliert. Diese Position muss jedoch noch durch die Bedingungen in der Baugruppe definiert werden, da der Bolzen sonst leicht verschoben werden kann.

Hierbei kann der Bolzen entweder fixiert oder zur Bohrungsachse kongruent und durch eine Offsetbedingung platziert werden.

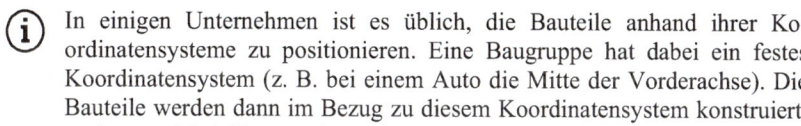 In einigen Unternehmen ist es üblich, die Bauteile anhand ihrer Koordinatensysteme zu positionieren. Eine Baugruppe hat dabei ein festes Koordinatensystem (z. B. bei einem Auto die Mitte der Vorderachse). Die Bauteile werden dann im Bezug zu diesem Koordinatensystem konstruiert, analog zur Modellierung des Bolzens.

 Das letzte Element der Unterbaugruppe ist eine *Passfeder*. Dieses Normteil wird über den KATALOGBROWSER für Standardteile eingefügt.

CATIA V5 verfügt über verschiedene
Kataloge. Teilekataloge sind in dem
Pfad *C:\Programme\DassaultSysteme
s\B18\intel_a\startup\components\Mec
hanicalStandardParts* zu finden. Über
den Ordnerbrowser oder über das Pull-
Down-Menü kann zwischen den verschiedenen   Katalogen   gewechselt
werden.

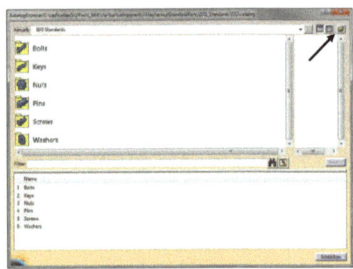

Im Folgenden werden Teile aus den Katalogen ISO-Standard und US-
Standard verwendet. Die Art der Teile (z. B. Schrauben oder Passfedern)
kann im Auswahlfenster selektiert werden (*Doppelklick LMT*).

Anschließend wird die Norm ausgewählt und nach der Bestätigung werden
die verschiedenen Größen angegeben.

 Zum Einbau der Passfeder wird der KATALOGBROWSER geöffnet und folgende Passfeder ausgewählt:

⇨ *ISO Standards* ⇨ *Keys*⇨ *ISO_2491_THIN_PARALLEL_KEY_FORM_A*

⇨ *ISO 2491 25x5x3 FORM A THIN PARALLEL KEY*

Dieses Normteil wird mit einem *Doppelklick LMT* zur Baugruppe hinzugefügt.

 Liegen Bauteile übereinander, kann deren Position mit der Funktion Manipulation nicht ohne weiteres geändert werden, da sie nicht ausgewählt werden können. Es bietet sich an, die Baugruppe zu zerlegen und die Position
der Passfeder zu verändern. Anschließend kann die Baugruppe aktualisiert
werden und die Bauteile, welche bereits über Bedingungen positioniert
wurden, werden an ihre alte Position versetzt.

Die Position der Passfeder kann durch
einen FLÄCHENKONTAKT und zwei
KONGRUENZBEDINGUNGEN der Radien
vollständig bestimmt werden.

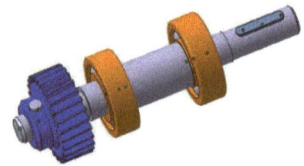

Der Baugruppe wird das Teil *Huel-
se_15_21* hinzugefügt und über einen
FLÄCHENKONTAKT und eine KONGRU-
ENZ positioniert.

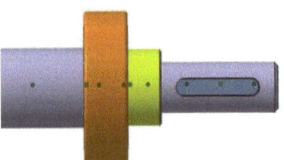

Die Unterbaugruppe ist nun fertig gestellt. Alle nicht benötigten Grafik-elemente (z. B. Ebenen) können ausgeblendet werden. Die Bedingungen können über den Strukturbaum ausgeblendet werden (*RMT auf den Container Bedingung ⇨ Verdecken/Anzeigen*).

 Alle Ebenen können schnell mit dem FLÄCHENFILTER ausgeblendet werden. Ggf. muss dazu die Symbolleiste BENUTZERAUSWAHLFILTER einge-blendet werden. Nach der Auswahl der Funktion kann ein Rechteck über die Baugruppe gezogen werden. Alle Ebenen sind somit selektiert und können mit *RMT auf eine beliebige Ebene ⇨ Verdecken/Anzeigen* ausge-blendet werden.

 Anschließend wird das Produkt unter dem Namen *bg_Antriebswelle* GE-SPEICHERT.

Unterbaugruppe „bg_Gehaeuse_Antrieb"

Diese Baugruppe besteht aus vier Einzelteilen, die nacheinander zur Bau-gruppe hinzugefügt und mit Bedingungen versehen werden.

Vorgehensweise:

   I.   Gehaeuse_Antriebsseite

   II.   RWDR_21_42

   III.   Sicherungsring (ANSI B27.7M RING 3BM1 42 STEEL INTER-NAL BASIC DUTY RETAINING)

   IV.   Bolzen (ASME B18.8.7M PIN 6x18 STEEL HEADLESS CLEVIS TYPE A)

   V.   Dichtung

 Erzeugen eines *neuen Produkts* und umbenennen in *bg_Gehaeuse_Antrieb*

 Das *Gehaeuse_Antriebsseite* und der *RWDR_21_42* werden als VORHANDE-NE KOMPONENTEN eingefügt.

 Das *Gehaeuse_Antriebsseite* wird FI-XIERT.

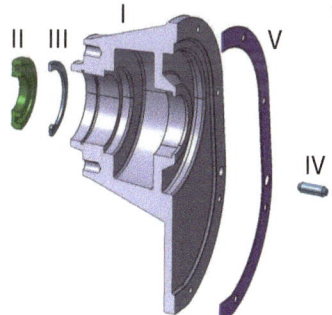

Erzeugen einer KONGRUENZBEDIN-
GUNG zwischen den Achsen der beiden
Komponenten

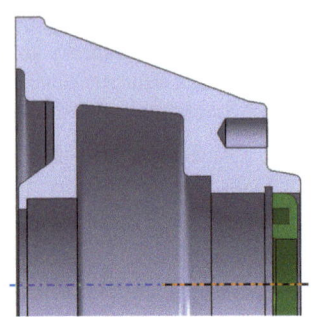

 Anschließend wird eine OFFSETBE-
DINGUNG zwischen der Außenfläche
des Dichtrings und der vorderen Fläche des Gehäusedeckels definiert. Der
Abstand beträgt **0,7mm**.

Der Dichtring sitzt somit bündig zu
der Nut.

Weiterhin soll ein *Sicherungsring* verbaut werden. Die Nut, in der der Sicherungsring positioniert wird, liegt im Inneren des Gehäuses und ist somit
schwer auswählbar. Aus diesem Grund wird zunächst eine Schnittansicht
der Baugruppe erzeugt.

 In einer Baugruppe können sehr
schnell mehrere SCHNITTE angelegt
werden. Diese werden im Strukturbaum in dem Container *Anwendungen*
⇨ *Schnitte* gespeichert. Die Schnittansicht wird in einem separaten Fenster
dargestellt.

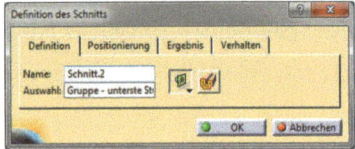

 Über die Funktion VOLUMENSCHNITT wird die Schnittansicht im Grafikbereich angezeigt.

Im Register Positionierung wird die *Normalenbedingung* ⇨ **Y** ausgewählt
und der Dialog bestätigt.

Mit einem Doppelklick auf Schnitt.1 im Strukturbaum kann der Schnitt jederzeit angepasst werden. Weiterhin kann er über *RMT* ⇨ *Verde-
cken/Anzeigen* ausgeblendet werden.

Die *Registerkarte Positionierung* ermöglicht das Positionieren eines
Schnittes.

Der Schnitt kann, wie oben beschrieben, entlang der Normalenvektoren
x, y und **z** ausgerichtet werden.

Alternativ kann über *Position und Bemaßungen* bearbeiten die Schnittposition genauer eingestellt werden.

Dazu kann die Schnittebene um einen bestimmten Wert in verschiedenen Richtungen verschoben oder rotiert werden.

Der erstellte Schnitt wird im Strukturbaum und Anwendungen abgelegt.

Wird eine Bedingung verändert, so muss nach der Baugruppenaktualisierung auch die Schnittansicht aktualisiert werden.

⇨ *RMT auf den Schnitt im Strukturbaum*

⇨ *Objekt Schnitt.1* ⇨ *Schnitt aktualisieren*

Für einen Schnitt kann jedoch auch die automatische Aktualisierung eingestellt werden.

⇨ *RMT auf den Schnitt im Strukturbaum* ⇨ *Objekt Schnitt.1*

⇨ *Verhalten* ⇨ *Automatische Aktualisierung des Schnittergebnisses*

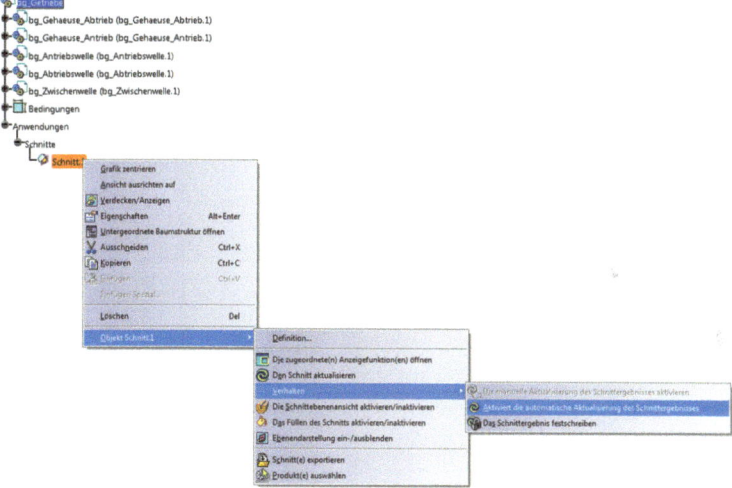

Der *Sicherungsring* wird aus dem KATALOG (US Standards) eingefügt.

⇨ *US Standards*

⇨ *Circlips*

⇨ *ANSI_B27_7M_INTERNAL_RETAINING_RING_BASIC_DUTY_*
   TYPE_3BM1_SMALL_SERIES

⇨ *ANSI B27.7M RING 3BM1 42 STEEL INTERNAL BASIC DUTY RE-*
   TAINING

Das Normteil wird mit *Doppelklick LMT* zur Baugruppe hinzugefügt.

 Es wird eine KONGRUENZBEDINGUNG
zwischen dem Außenring des Sicherungsrings und dem Gehäuse erzeugt.

 Die KONTAKTBEDINGUNG wird zwischen einer Seitenfläche des Sicherungsrings und der Innenfläche der
Ringnut erzeugt.

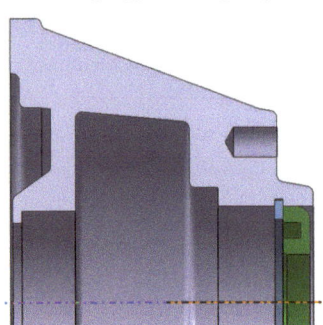

 Das Verdrehen des Sicherungsrings
wird durch eine WINKELBEDINGUNG
zwischen einer Ebene des Sicherungsrings und einer Ebene des Gehäuses
unterbunden. Ggf. müssen die Ebenen
dazu vorher eingeblendet werden.

Nachdem der Sicherungsring vollständig positioniert ist, kann der Schnitt
ausgeblendet werden.

 Aus dem KATALOGBROWSER wird ein *Bolzen* zur Zentrierung der Gehäu-
sehälften eingefügt.

⇨ *US Standards*

⇨ *Pins*

⇨ *ASME_B18_8_7M_HEADLESS_CLEVIS_PIN_TYPE_A*

⇨ *ASME B18.8.7M PIN 6x18 STEEL HEADLESS CLEVIS TYPE A*

Der Bolzen wird KONGRUENT zur einer der beiden Zentrierbohrungen positioniert.

 Weiterhin wird eine Offsetbedingung zwischen der Stirnfläche des Bolzens und der vorderen Fläche des Gehäuses erzeugt.

Offset ⇨ **1mm**

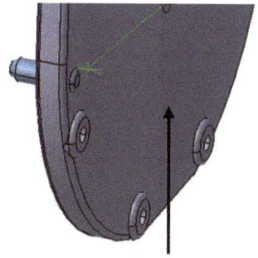

Referenzfläche

 In der zweiten Zentrierbohrung wird ebenfalls ein Bolzen benötigt. Der zweite Bolzen wird nicht manuell eingefügt, sondern über die Funktion SYMMETRIE erzeugt. Als Symmetrieebene wird dazu die zx-Ebene des Gehäuses verwendet, welche ggf. eingeblendet werden muss bzw. im Strukturbaum ausgewählt werden kann.

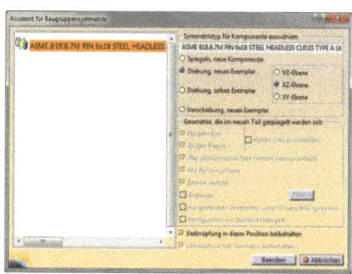

⇨ *Symmetrietyp für Komponente* ⇨ *Drehung, neues Exemplar*

⇨ *Verknüpfung in dieser Position beibehalten*

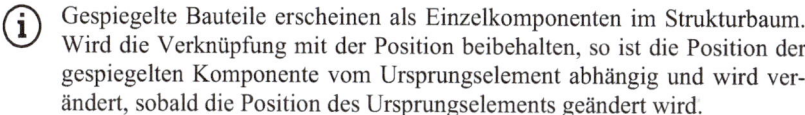 Gespiegelte Bauteile erscheinen als Einzelkomponenten im Strukturbaum. Wird die Verknüpfung mit der Position beibehalten, so ist die Position der gespiegelten Komponente vom Ursprungselement abhängig und wird verändert, sobald die Position des Ursprungselements geändert wird.

Wird die *Option Spiegeln, neue Komponente* gewählt, so wird das Ursprungselement in sich gespiegelt und eine neue Komponente erzeugt (z. B. rechte und linke Tür eines Fahrzeugs).

Bei der *Option Drehung, neues Exemplar* wird die gespielte Komponente als Gleichteil definiert und ist somit identisch zum Ursprungselement. Dies ist insbesondere für die spätere Erstellung von Stücklisten wichtig.

Die Baugruppensymmetrie wird in dem Container *Baugruppenkomponenten* abgelegt.

 Anschließend wird die *Dichtung* als VORHANDENE KOMPONENTE eingefügt.

Für die vollständige Positionierung werden zwei Bohrungspaare KONGRUENT zueinander und ein Flanschflächenpaar aufeinander (FLÄCHENKONTAKT) positioniert.

Letztendlich können alle Bedingungen und Ebenen ausgeblendet werden.

 Das Produkt wird unter dem Namen *bg_Gehaeuse_Antrieb* GESPEICHERT.

Unterbaugruppe „bg_Gehaeuse_Abtrieb"

Vorgehensweise:

I.   Gehaeuse_Abtriebsseite

II. RWDR_30_42

III. Sicherungsring (ANSI B27.7M RING 3BM1 42 STEEL INTERNAL BASIC DUTY RETAINING)

IV. Sicherungsring (ANSI B27.7M RING 3BM1 52 STEEL INTERNAL BASIC DUTY RETAINING)

V.   Unterlegscheibe (ISO 7089 WASHER 5x10 STEEL GRADE A PLAIN NORMAL SERIES)

VI. Schraube (ISO 4762 SCREW M5x20 STEEL HEXAGON SOCKET HEAD CAP)

 Erstellen eines *neuen Produkts* und umbenennen in *bg_Gehaeuse_Abtrieb*.

 Einfügen des Bauteils Gehaeuse_Abtrieb als VORHANDENE KOMPONENTE.

 Das *Gehäuse_Abtrieb* wird FIXIERT.

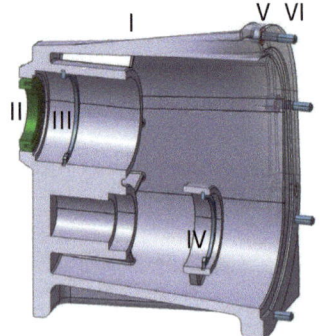

Der *RWDR_30_42* wird als VORHAN-
DENE KOMPONENTE MIT POSITIONIE-
RUNG eingefügt.

Dabei wird direkt nach dem Einfügen
der Komponente ein Dialog zur Definition der Positionierungsbedingungen
aufgerufen.

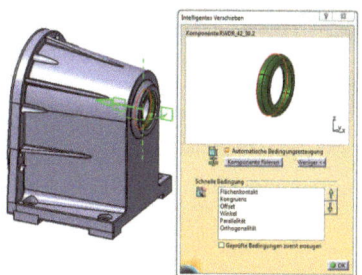

Im Dialog muss automatische Bedingung aktiviert werden.

Die Art der Bedingung wird durch das System ermittelt. Es kann allerdings
durch die Reihenfolge der Bedingungen im unteren Menü eine Präferenz
vorgegeben werden.

Für die Positionierung wird zunächst ein Element des Radialwellendicht-
rings und anschließend eines des Gehäuses gewählt, z. B. je eine Kreiskan-
te. Wurden alle Bedingungen erzeugt, kann der Dialog bestätigt werden.

Die Ausrichtung des eingebauten Elements kann nach der Auswahl der Re-
ferenzelemente über die Pfeile verändert werden. Nach dem Bestätigen des
Dialoges erscheinen alle erzeugten Bedingungen im Strukturbaum in dem
Container Bedingungen.

Zur axialen Sicherung werden zwei Sicherungsringe benötigt.

 Der erste *Sicherungsring* mit einem Durchmesser von *42mm* wurde bereits
bei der Unterbaugruppe *bg_Gehaeuse_Antrieb* verwendet und kann als
VORHANDENE KOMPONENTE eingefügt werden.

 Der zweite *Sicherungsring* mit dem Durchmesser von *52mm* wird aus dem
KATALOGBROWSER eingefügt:

⇨ *US Standards*

⇨ *Circlips*

⇨ *ANSI_B27_7M_INTERNAL_RETAINING_RING_BASIC_DUTY_*
TYPE_3BM1_LARGE_SERIES

⇨ *ANSI B27.7M RING 3BM1 52 STEEL INTERNAL BASIC DUTY RE-*
TAINING

Beide Sicherungsringe können über jeweils eine KONGRUENZBEDINGUNG und einer FLÄCHENKONTAKTBEDINGUNG positioniert werden.

 Für eine eindeutige Positionierung werden die Ebenen der Elemente über die WINKELBEDINGUNG zueinander ausgerichtet.

 Zur besseren Positionierung kann wieder ein SCHNITT erzeugt werden.

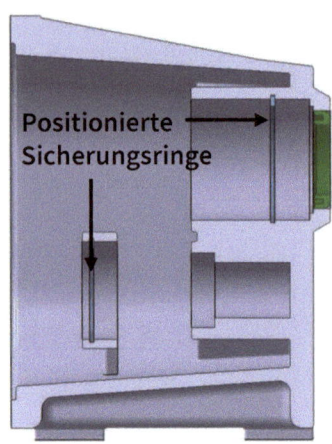

Positionierte Sicherungsringe

 Aus dem KATALOGBROWSER wird eine *Schraube* und eine *Unterlegscheibe* in die Baugruppe eingefügt:

⇨ *ISO Standards*

⇨ *Washers*

⇨ *ISO_7089_PLAIN_WASHER_GRADE_A_NORMAL_SERIES*

⇨ *ISO 7089 WASHER 5x10 STEEL GRADE A PLAIN NORMAL SERIES*

⇨ *Screws*

⇨ *ISO_4762_HEXAGON_SOCKET_HEAD_CAP_SCREW*

⇨ *ISO 4762 SCREW M5x20 STEEL HEXAGON SOCKET HEAD CAP*

 Beide Bauteile werden mit den Bedingungen KONGRUENZ und FLÄCHENKONTAKT an der Referenzbohrung (s. Abbildung) des Benutzermusters positioniert.

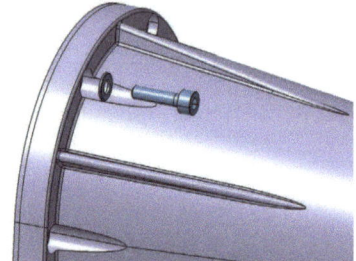

(i) Die beiden Komponenten müssen nicht für jede Bohrung einzeln eingefügt werden. Das bereits erzeugte Muster der Gehäusebohrungen kann für die Baugruppe wieder verwendet werden.

Über die Funktion MUSTER WIEDER-VERWENDEN werden die Unterlegscheiben eingefügt:

Position ⇨ *Definition des Musters*

Schraffurmuster ⇨ *Benutzermuster.1 aus „Gehaeuse_Abtrieb" wählen*

Die Auswahl des Benutzermusters.1 erfolgt über den Strukturbaum.

Komponente für Exemplar ⇨ *eingefügte Unterlegscheibe*

Erstes Exemplar für Muster ⇨ *ursprüngliche Komponente wieder verwenden*

 Alle gemusterten Bauteile erscheinen als Einzelkomponenten im Strukturbaum. Sie sind voneinander unabhängig.

Die Positionen der gemusterten Einzelkomponenten sind vom Ursprungselement abhängig. Verändert sich diese Position, verändern sich auch die Positionen der Musterelemente.

Das Muster wird in dem Container Baugruppenkomponenten aufgeführt und kann auch wieder gelöscht werden.

 Die gleichen Einstellungen des MUSTERS werden für die *Schrauben* verwendet.

 Letztendlich können alle *Bedingungen* und *Ebenen ausgeblendet* und das Produkt unter dem Namen *bg_Gehaeuse_Abtrieb* GESPEICHERT werden.

Unterbaugruppe „bg_Zwischenwelle"

Die Baugruppe mit dem Namen *bg_Zwischenwelle* kann selbstständig gemäß der folgenden Vorgehensweise erstellt werden:

I. Ritzelwelle (fixiert)

II. Kugellager_12_32

III. Kugellager_20_42

IV. Passfeder (ISO 2491 22x6x4 FORM A THIN PARALLEL KEY)

V. Zahnrad_47_106

VI. Sicherungsring (ANSI B27.7M RING 3AM1_20 STEEL EXTERNAL BASIC DUTY RETAINING)

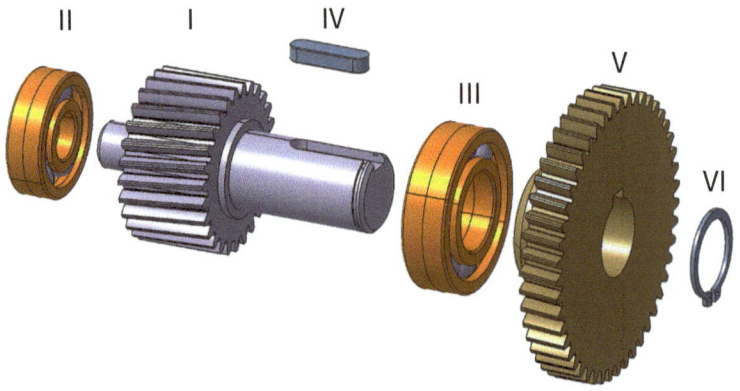

Unterbaugruppe „bg_Abtriebswelle"

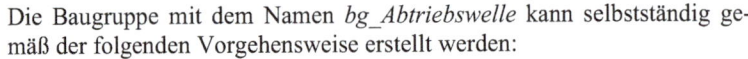
Die Baugruppe mit dem Namen *bg_Abtriebswelle* kann selbstständig gemäß der folgenden Vorgehensweise erstellt werden:

    I.   Abtriebswelle (fixiert)

    II. Kugellager_25_52

    III. Huelse_25_32

    IV. Kugellager_25_52

    V. Passfeder (ISO 2491 20x8x5 FORM A THIN PARALLEL KEY)

    VI. Zahnrad_47_20

    VII. Sicherungsring (ANSI B27.7M RING 3AM1_25 STEEL EXTERNAL BASIC DUTY RETAINING)

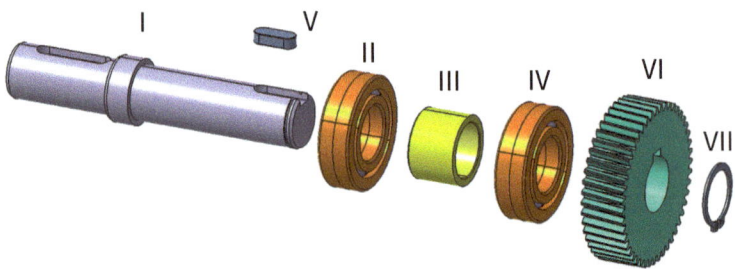

Gesamte Baugruppe „bg_Getriebe"

Die einzelnen Unterbaugruppen werden zum Gesamtzusammenbau des Getriebes zusammengefügt. Dazu wird eine neue Baugruppe mit dem Namen bg_Getriebe erzeugt. Die Gesamtbaugruppe besteht aus den folgenden Unterbaugruppen:

I. bg_Gehaeuse_Abtrieb (fixiert)

II. bg_Gehaeuse_Antrieb

III. bg_Antriebswelle

IV. bg_Abtriebswelle

V. bg_Zwischenwelle

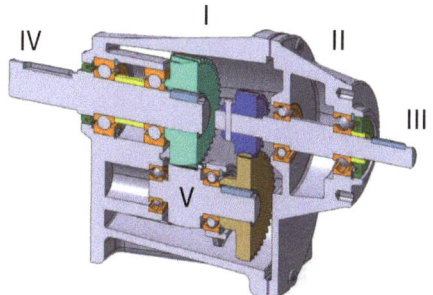

Alle Unterbaugruppen werden über die Funktion VORHANDENE KOMPONENTE in die Baugruppe eingefügt. Die Komponenten können selbstständig zueinander positioniert werden.

 Zur Positionierung der Wellen ist die Verwendung der Funktion SCHNITT zu empfehlen.

 Nach einer erzeugten Bedingung muss neben der Baugruppenaktualisierung auch die Aktualisierung der Schnittansicht erfolgen.

⇨ RMT ⇨ Objekt Schnitt.1 ⇨ Den Schnitt aktualisieren

Ist eine Unterbaugruppe nach dem Einfügen nicht sichtbar, so wird sie evtl. durch den Schnitt verdeckt. In diesem Fall muss der Schnitt ausgeblendet, die Unterbaugruppe verschoben und anschließend der Schnitt wieder eingeblendet werden.

 Das Getriebe ist nun vollständig und kann unter dem Namen bg_Getriebe GESPEICHERT werden.

4.7 Analyse von Baugruppen

Die Baugruppenumgebung beinhaltet eine Vielzahl von Analysefunktionen, um eine Baugruppe strukturiert zu untersuchen. Diese können über die Toolleiste ANALYSE aufgerufen werden. Zum Nachvollziehen der Funktionen kann der Gesamtzusammenbau des Getriebes verwendet werden.

Messen

 Zur Ermittlung von Abständen zwischen Komponenten oder Elementen wird die Funktion MESSEN ZWISCHEN bereitgestellt.

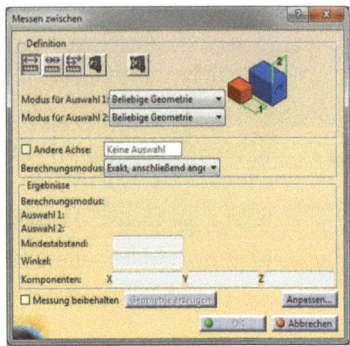

Unter Modus für Auswahl kann angegeben werden, welche Elementtypen zum Messen selektiert werden sollen. Alle anderen Elemente sind dann nicht auswählbar.

Wird die Option Messung beibehalten aktiviert, so wird diese im Strukturbaum unter Anwendungen abgelegt.

Über Anpassen... können die Ergebnisse der Messung ausgewählt werden.

Alle aktivierten Ergebnisse werden bei einer gespeicherten Messung separat im Strukturbaum abgelegt.

 Informationen aus Messungen können z. B. auch in mathematischen Formeln genutzt werden.

 Um Radien und Durchmesser zu bestimmen, wird die Funktion ELEMENT MESSEN genutzt.

Nach dem Aufrufen der Funktion Element messen, kann in dem Dialogfeld zur Funktion Messen zwischen gewechselt werden.

Über die Funktion TRÄGHEIT MESSEN lassen sich nach Auswahl der Komponenten verschiedene Informationen wie Volumen, Dichte und Masse, sowie die Koordinaten des Schwerpunktes und die Trägheitsmomente der ausgewählten Teile ermitteln.

Weiterhin können auch Eigenschaften von zweidimensionalen Elementen ermittelt werden (z. B. Flächeninhalt und Flächenträgheitsmomente).

Produktstruktur aufrufen

In CATIA V5 wird die Funktion SCHREIBTISCH angeboten. Damit kann die Struktur eines Produktes (Unterbaugruppen, Einzelteile, Beziehungen) analysiert werden. Über *Datei* ⇨ *Schreibtisch* wird die Umgebung aufgerufen.

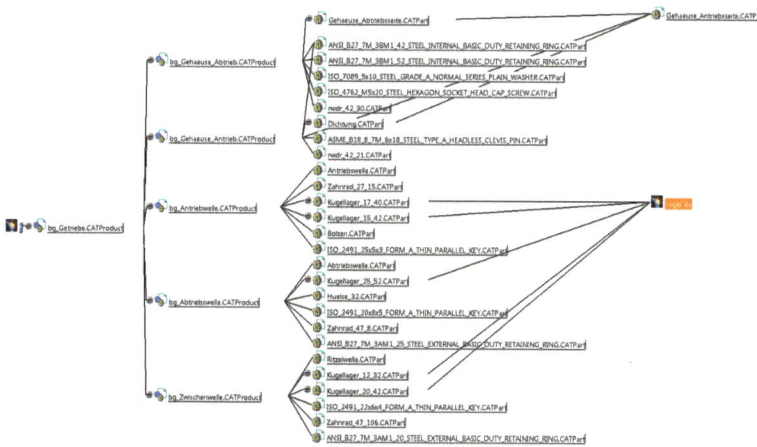

Stückliste erstellen

Weiterhin kann über *Analyse ⇨ Stück-liste* eine automatische Stückliste der aktiven Baugruppe und deren Unter-baugruppen erstellt werden.

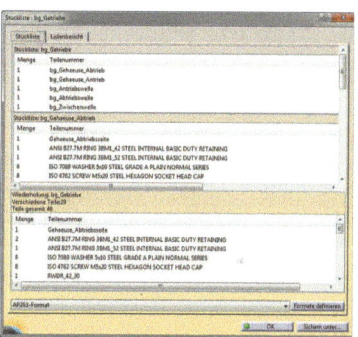

Über *Formate definieren* können die in der Stückliste enthaltenen Informa-tionen ausgewählt werden.

Die Stückliste kann in verschiedenen Formaten (.txt, .html, .xls) gespeichert werden.

Bedingungen analysieren

 Die BEDINGUNGSANALYSE untersucht alle Bedingungen in der aktiven Baugruppe. Sind Unterbaugruppen vorhanden, können diese über das Pull-down-Menü aufgerufen werden.

Die Registerkarte Freiheitsgrade listet alle Komponenten auf, welche nicht eindeutig fi-xiert sind.

Sind nicht auflösbare Bedingungen in der Baugruppe vorhanden, wird eine weitere Re-gisterkarte aufgeführt. Gleiches gilt auch für nicht aktualisierte Bedingungen.

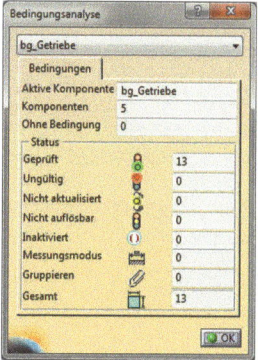

Eine weitere Möglichkeit ist die Analyse der FREIHEITSGRADE. Dazu muss ein Produkt oder ein Einzelteil eines Produkts als aktiv gesetzt werden (*Doppelklick LMT*) und anschließend *Analyse* ⇨ *Freiheitsgrad(e)...* gewählt werden.

Wählt man hierbei z. B. das Kugellager_25_52 der bg_Abtriebswelle, so wird ein rotatorischer Freiheitsgrad ermittelt, da das Zahnrad nicht vollständig bestimmt ist.

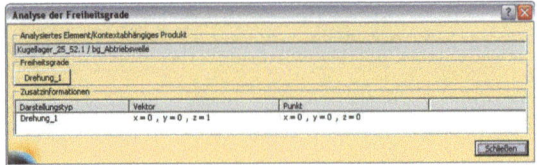

Eine weitere Möglichkeit zur Analyse der Freiheitsgrad ist über den Strukturbaum möglich. Hierzu muss die nächst höhere Ebene des zu analysierenden Bauteils aktiviert werden. Anschließend können über *RMT auf das Bauteil* ⇨ *Objekt...* ⇨ *Freiheitsgrade der Komponente* die Freiheitsgrade angezeigt werden.

Baugruppenabhängigkeiten

 Die Funktion ABHÄNGIGKEITEN dient zur schnellen visuellen Überprüfung aller Verknüpfungen. Sie werden für die aktive Baugruppe durchgeführt. Nach dem Aktivieren einer Verknüpfung (*Doppelklick LMT*), werden die zugehörigen Komponenten angezeigt.

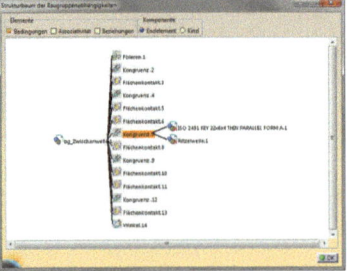

Wird die Einstellung Kind gewählt, werden die Unterbaugruppen angezeigt, zu denen die Elemente gehören.

Überschneidungsanalyse

Die Analyse von ÜBERSCHNEIDUNGEN wird ebenfalls für die aktive Baugruppe ausgeführt. Mit einem Klick auf *Anwenden* werden für die einzelnen Komponenten verschiedene Zustandstypen wie Kontakt, Überschneidung oder zulässiges Eindringen aufgelistet.

Kollisionsanalysen werden im Strukturbaum unter Anwendungen abgelegt.

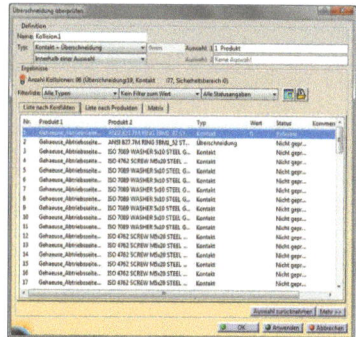

CATPart aus Produkt generieren

Im Zuge von weiterführenden Analysen von Baugruppen kann es erforderlich sein, eine Baugruppe in einem Einzelteil (Part) zusammenzufassen.

Dazu wird die Funktion CATPART AUS PRODUKT GENERIEREN angeboten.

Nach dem Aufrufen der Funktion (*Tools* ⇨ *CATPart aus Produkt generieren*) wird das umzuwandelnde Produkt ausgewählt.

Wird die Option Alle Körper der einzelnen Teile in einem Körper zusammenfassen aktiviert, so wird z. B. das Kugellager, welches aus mehreren Körpern besteht, in einem Körper abgebildet.

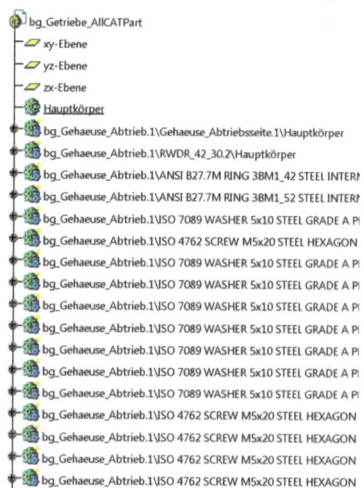

Jedes Bauteil eines Produkts stellt nach dem Bestätigen der Funktion einen Körper in dem Part dar. Die einzelnen Körper können über die Booleschen Operationen (*im Part Design: Einfügen* ⇨ *Boolesche Operationen*) zum Hauptkörper hinzugefügt werden.

4.8 Kontrollfragen

1. Wie werden Komponenten in einer Baugruppe positioniert?
2. Was sind die wichtigsten Bedingungen?
3. Wie werden Normteile in die Baugruppe eingefügt?
4. Wie werden Komponenten gespiegelt?
5. Wie können Muster im Zusammenbau genutzt werden?
6. Wie können Überschneidungen in Baugruppen analysiert werden?

5 Zeichnungserstellung

Die DRAFTING-Umgebung erzeugt technische Zeichnungen. Dazu lässt sich Geometrie vorhandener Volumenkörper ableiten und als Zeichnung darstellen; die Rückableitung zu 3D ist nur eingeschränkt möglich. Auch eigenständige Zeichnungen ohne 3D-Modell sind möglich.

5.1 Erstellen einer Zeichnung

Erstellen einer Zeichnung ohne Teilevorlage

Öffnet man die DRAFTING-Umgebung, wenn noch kein weiteres Teil geöffnet wurde, über *Start* ⇨ *Mechanische Konstruktion* ⇨ *Drafting*, kann das Format einer leeren Zeichnung ausgewählt werden. Das Format sowie die Blattdarstellung können beliebig verändert werden.

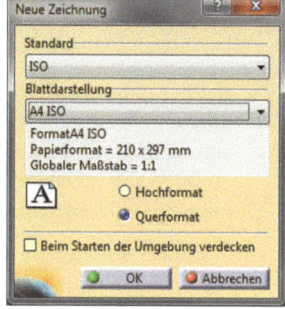

Mit einem Klick auf *OK* wird in dem neuen Drawing-Dokument das erste Blatt angelegt.

(i) Der Strukturbaum einer Zeichnung enthält alle Blätter und die in den jeweiligen Blättern enthaltenen Ansichtstypen.

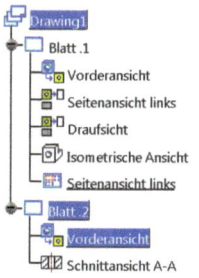

Über einen *Doppelklick auf ein Blatt* wird dieses angezeigt.

Ist ein Drawing-Dokument geöffnet, lassen sich die Eigenschaften (*RMT* ⇨ *Eigenschaften*) eines Blattes verändern. Dabei können unter anderem die Größe und Ausrichtung des Blattes sowie der Maßstab festgelegt werden.

Jedes Zeichnungsobjekt verfügt über zwei Arbeitsebenen (*Arbeitsansicht* und *Blatthintergrund*). Es bietet sich an, den Rahmen, Tabellen oder Texte (z. B. Normen) in dem Blatthintergrund abzulegen. Alle anderen Elemente werden in der Arbeitsansicht positioniert.

Ergänzende Information Die elektronische Version dieses Kapitels enthält Zusatzmaterial, auf das über folgenden Link zugegriffen werden kann https://doi.org/10.1007/978-3-658-50023-8_5.

Zur Rahmenerzeugung wird zum BLATTHINTERGRUND gewechselt.

⇨ *Bearbeiten* ⇨ *Blatthintergrund*

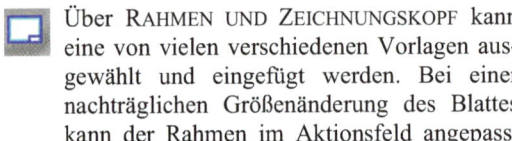 Über RAHMEN UND ZEICHNUNGSKOPF kann eine von vielen verschiedenen Vorlagen ausgewählt und eingefügt werden. Bei einer nachträglichen Größenänderung des Blattes kann der Rahmen im Aktionsfeld angepasst werden (Größe ändern).

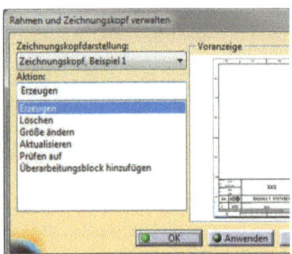

ⓘ Bei der Erzeugung der Rahmen und Schriftfelder ist es wichtig, dass vorher die richtige Blattgröße eingestellt wurde, da der Rahmen bei der Erzeugung automatisch an die vorhandene Blattgröße angepasst wird. Wird die Blattgröße später geändert, so verändert sich der Rahmen nicht mit, sondern muss manuell geändert werden.

Nach der Erzeugung können die Texte im Schriftfeld bearbeitet werden (*LMT Doppelklick*).

T Zum Erzeugen neuer Textfelder kann die Funktion TEXT genutzt werden. Anschließend muss wieder zu den Arbeitsansichten gewechselt werden.

⇨ *Bearbeiten* ⇨ *Arbeitsansichten*

Erstellen einer Zeichnung mit einem geöffneten Teil

 Die DRAFTING-Umgebung kann alternativ auch aus einem geöffneten Bauteil heraus aufgerufen werden.

 Dazu ist zunächst das CAD-Modell der Antriebswelle zu ÖFFNEN.

Über *Start* ⇨ *Mechanische Konstruktion* ⇨ *Drafting* wird mit der Zeichnungserstellung begonnen.

In diesem Dialog gibt es die Möglichkeit mittels der vier Schaltflächen ein automatisches Layout auszuwählen.

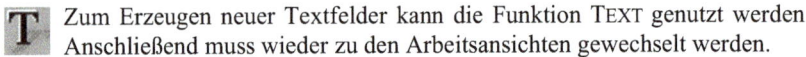 Für das folgende Beispiel wird ein LEERES BLATT ausgewählt. Unter *Ändern* können die Blattgröße und -ausrichtung angepasst werden.

5.2 Ansichten

Alle Ansichten, Zeichnungsbeschriftungen und Bemaßungen werden in der
Arbeitsansicht erzeugt. Die folgenden Schritte beschreiben das manuelle
Einfügen einzelner Ansichten. Die Funktionen zum Erzeugen der verschie-
denen Ansichten sind in der Symbolleiste ANSICHTEN zusammengefasst.

Erstellen von Ansichten

 Die Basis für die Zeichnungserstellung eines Bauteils bildet die VORDER-
ANSICHT. Aus dieser Ansicht werden anschließend weitere projizierte Ansichten abgeleitet.

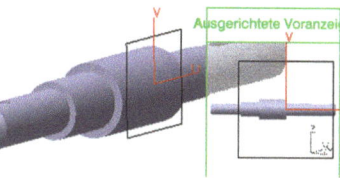

Nach Auswahl der Funktion Vorderansicht muss im 3D-Modell (beide Fenster können über *Fenster ⇨ Nebenei-
nander Anordnen* angezeigt werden)
eine Ebene oder eine planare Fläche
zum Ausrichten des Bauteils ausgewählt werden. Eine Vorschau wird in
der linken Ecke visualisiert.

⇨ *Auswahl der xy-Ebene*

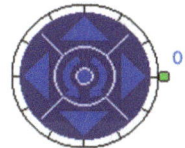

Die Ansicht erscheint auf dem Zeichnungsblatt. Mit Hilfe des Navigations-
rades kann die erzeugte Ansicht manipuliert werden. Mit den blauen Pfeilen
wird die Ansicht um definierte Winkel
im Raum verdreht.

Mittels des Grünen Punktes (*LMT halten*) wird die Ansicht in der Zeich-
nungsebene gedreht. Die Zeichnungsansicht sollte so gedreht werden, dass
die Welle quer auf dem Zeichnungsblatt dargestellt wird.

Durch *LMT im freien Raum* wird die Ansicht fixiert. Zum Erzeugen von
weiteren Ansichten bietet die Toolleiste unter anderem folgende Funktionen:

 PROJIZIERTE ANSICHTEN erzeugen die Standardansichten (Drauf-, Seiten-
und Rückansicht). Hierfür wird die Maus auf die gewünschte Stelle auf
dem Zeichnungsblatt bewegt und die Ansicht mit der *LMT* bestätigt.

Diese Funktion, wie auch die im Folgenden erklärten, befindet sich hinter
dem Button der Vorderansicht.

HILFSANSICHT erzeugt eine Ansicht in einem bestimmten, selbst gewählten Winkel, ausgehend vom aktivierten Teil. Der Winkel wird über das Zeichnen einer Linie bestimmt.

 Zur Erzeugung von ISOMETRISCHEN ANSICHTEN muss im 3D-Modell (ähnlich der Funktion Vorderansicht) eine Ebene oder Rotationsachse ausgewählt werden.

 Bei der Zeichnungserstellung ist zwischen der aktiven Ansicht (roter Rahmen) und den übrigen Ansichten zu unterscheiden (blauer Rahmen).

Sämtliche Funktionen (z. B. Projizierte Ansicht, Schnitt…) werden immer aus der aktiven Ansicht heraus erzeugt. Über Doppelklick LMT kann eine Ansicht als aktiv definiert werden.

Ⓘ Jede Ansicht besitzt gewisse Eigenschaften, welche über *RMT auf den Rahmen* ⇨ *Eigenschaften* geändert werden können. Hierbei kann z. B. der Maßstab und die Anzeige von Mittellinien, Achsen und Gewinden angepasst werden.

Wird eine Ansicht aus einer anderen erzeugt, so werden die Eigenschaften übertragen. Ansonsten sind die Eigenschaften verschiedener Ansichten unabhängig voneinander.

Ⓘ Aus der Vorderansicht abgeleitete Ansichten lassen sich nur in eine Richtung verschieben, um den Bezug zur Vorderansicht zu erhalten. Soll eine Ansicht an einen beliebigen Ort (z. B. ein anderes Blatt) verschoben werden, so muss diese vorher isoliert werden. Dazu *RMT auf die jeweilige Ansicht* ⇨ *Ansichtenpositionierung* ⇨ *Positionierung unabhängig von der Referenzansicht*.

Assistent für die Ansichtserzeugung

 Der ASSISTENT FÜR ANSICHTSERZEUGUNG bietet verschiedene Projektionsmethoden (linke Leiste).

Des Weiteren kann der Mindestabstand aller Ansichten verändert werden.

Der folgende Dialog (Klick auf *Weiter*) bietet die Möglichkeit einzelne Ansichten hinzuzufügen. Diese können beliebig im Raster positioniert werden.

Mit *RMT auf eine Ansicht* ⇨ *Löschen* können Ansichten einfach gelöscht werden.

Der Dialog wird mit Beenden bestätigt. Anschließend muss im 3D-Modell eine Ebene ausgewählt werden.

Bearbeiten von Ansichten

 Vollschnitte oder abgesetzte Schnitte können mit der Funktion ABGESETZTER SCHNITT erzeugt werden. Die Schnittkontur wird über eine Linie in der aktuellen Ansicht gezeichnet.

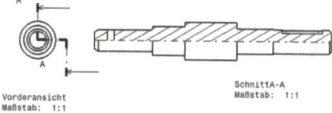

 Die SCHNITTRICHTUNG kann mit einem *Doppelklick LMT* geändert werden (Blickrichtung umkehren). Anschließend kann diese Umgebung wieder verlassen werden.

 Der AUSGERICHTETE SCHNITT dient zum Erzeugen von Winkelschnitten.

(i) Die 3D-Schnitte erzeugen nur die tatsächliche Schnittkontur. Alle Elemente im Hintergrund werden nicht angezeigt.

 DETAILANSICHTEN dienen zum Vergrößern von Details. Die Umrandung des Details kann mit einem beliebigen Profil oder einem Kreis abgegrenzt werden. Nach dem Aufruf der Funktion muss dieses gezeichnet werden (das Profil muss geschlossen sein).

(i) Der Maßstab des Details kann über die Eigenschaften verändert werden (*RMT auf den Rahmen* ⇨ *Eigenschaften*). Das Schriftfeld mit der Bezeichnung kann direkt in der Ansicht editiert werden.

 CLIPPINGANSICHTEN werden auf dem gleichen Weg erzeugt. Dadurch wird nur ein bestimmter Bereich eines Bauteils dargestellt.

 Soll ein langes Bauteil verkürzt dargestellt werden, kann die Funktion AUFBRECHEN EINER ANSICHT genutzt werden. Nach der Aktivierung der Funktion werden die Stellen, an denen die Ansicht aufgebrochen werden soll, durch Doppelklicken markiert und bestätigt. Der Teil zwischen den beiden markierten Stellen wird nun nicht mehr dargestellt und die Ansicht verkürzt abgebildet.

Der AUSBRUCH wird über ein Profil in einer Ansicht (kongruent zur Detaildarstellung) gekennzeichnet. In diesem Beispiel wird die Ausbruchsebene auf der Achse positioniert.

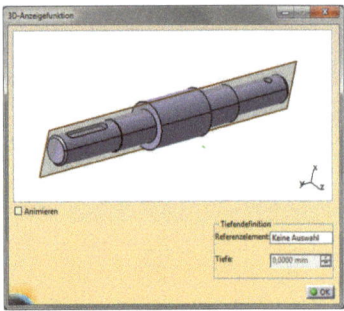

Bei komplexeren Bauteilen kann die Ausbruchsebene beliebig verschoben werden. Dafür muss im Drafting-Dokument ein Referenzelement gewählt werden.

5.3 Beschriftungen und Bemaßungen

Um Elemente in eine Ansicht einfügen zu können, ist es wichtig, vorher die jeweilige Ansicht zu aktivieren! Es können immer nur Elemente als Referenz angegeben werden, die zu der jeweils aktiven Ansicht gehören.

Symmetrielinien

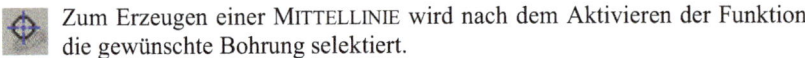 Zum Erzeugen einer MITTELLINIE wird nach dem Aktivieren der Funktion die gewünschte Bohrung selektiert.

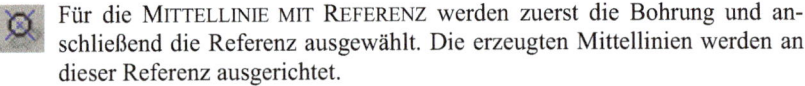 Für die MITTELLINIE MIT REFERENZ werden zuerst die Bohrung und anschließend die Referenz ausgewählt. Die erzeugten Mittellinien werden an dieser Referenz ausgerichtet.

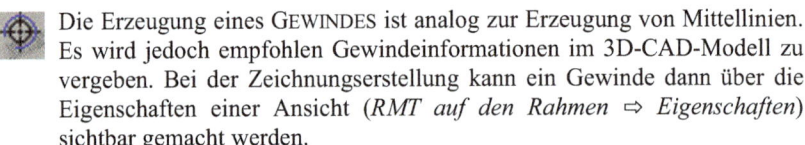 Die Erzeugung eines GEWINDES ist analog zur Erzeugung von Mittellinien. Es wird jedoch empfohlen Gewindeinformationen im 3D-CAD-Modell zu vergeben. Bei der Zeichnungserstellung kann ein Gewinde dann über die Eigenschaften einer Ansicht (*RMT auf den Rahmen* ⇨ *Eigenschaften*) sichtbar gemacht werden.

Eine Symmetrielinie wird mit der Funktion ACHSLINIE erzeugt. Dabei werden zwei Referenzlinien benötigt, zwischen denen eine Symmetrieachse erzeugt werden soll.

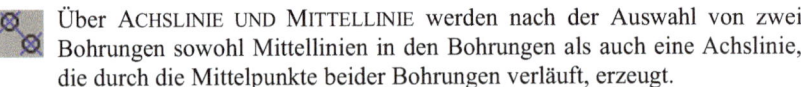 Über ACHSLINIE UND MITTELLINIE werden nach der Auswahl von zwei Bohrungen sowohl Mittellinien in den Bohrungen als auch eine Achslinie, die durch die Mittelpunkte beider Bohrungen verläuft, erzeugt.

Alle Achsen können beliebig verlängert werden. Dies geschieht durch das Ziehen an den Kästchen nach der Auswahl einer Achse.

Soll nur eine Seite der Achse verlängert werden, muss die *Strg-Taste gehalten* werden.

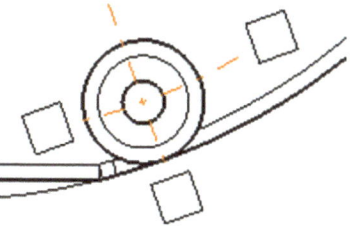

Bemaßungen

Für die vollständige Bemaßung stehen verschiedene Möglichkeiten zur Verfügung.

Es kann zum Beispiel gewählt werden zwischen:

 LÄNGEN-/ABSTANDSBEMAßUNGEN

 WINKELBEMAßUNG

 RADIUSBEMAßUNG

 DURCHMESSERBEMAßUNG

Zur Positionierung werden lediglich die Elemente ausgewählt und das Maß durch das Klicken im Grafikbereich bestätigt.

Nach Aktivierung der Längen-/Abstandsbemaßungsfunktion erscheint das Menü Toolauswahl, womit sich die Ausrichtung der Maßlinien steuern lässt.

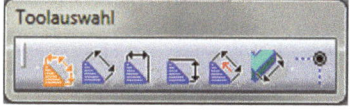

Das nachträgliche Bearbeiten eines Maßes geschieht in dessen Eigenschaften (*RMT* ⇨ *Eigenschaften*). In diesem Menü können über verschiedene Registerkarten zum Beispiel die Art der Pfeile oder die Schriftgröße und -art verändert werden.

Auch Prä- und Suffixe (z. B. Durchmesserzeichen) und Toleranzangaben können hinzugefügt werden.

Sollen mehrere Maße gleichzeitig geändert werden, müssen alle zu ändernden Maße ausgewählt (*Strg-Taste gedrückt halten*) und über RMT auf eines der ausgewählten Maße die Einstellungen angepasst werden.

Voreinstellungen, die diese Einstellungen für Maße vorab festlegen, sind in einem xml-File gespeichert und können nur im Administrator-Modus vorgenommen werden.

Über die Funktion BEMAßUNG GENERIEREN können automatisch Maße auf der Grundlage der Maßeinträge in Skizzen oder Features des 3D-Modells erzeugt werden.

Anmerkungen und Bezugselemente

Zur eindeutigen Beschreibung von Geometrien stehen verschiedene Bezugselemente zur Verfügung. Bei der Ausführung dieser Funktionen muss nach dem Aufruf nur das Geometrieelement angewählt werden.

BEZUGSELEMENTE

GEOMETRISCHE TOLERANZEN

TEXTE

TEXT MIT BEZUGSLINIE

REFERENZKREISE

RAUIGKEITEN

SCHWEIßBESCHRIFTUNGEN

PFEILE ERZEUGEN

Nachträgliche SCHRAFFUREN können automatisch oder manuell erstellt werden. Bei einer automatischen Erstellung muss nur der zu schraffierende Bereich angewählt werden (*LMT*). Bei einer manuellen Schraffur müssen alle Begrenzungselemente ausgewählt werden.

In den Eigenschaften (*RMT* ⇨ *Eigenschaften*) der Schraffur kann die Darstellung des schraffierten Bereichs angepasst werden.

5.4 Weitere Funktionen der Zeichnungserstellung

Über NEUES BLATT kann innerhalb eines Drawing-Dokuments ein neues Zeichnungsblatt angelegt werden. Das neue Blatt erscheint im Strukturbaum und kann ebenfalls über die Eigenschaften angepasst werden.

Die aktive Ansicht wird über einen roten Rahmen dargestellt. Die restlichen Ansichten sind blau umrahmt. Dieser Rahmen kann über die Funktion ANSICHTSUMRAHMUNG ANZEIGEN aktiviert und deaktiviert werden. Die Positionen der Ansichten können durch das Verschieben des Rahmens verändert werden.

Analog zur Skizzierumgebung kann auch bei der Zeichnungserstellung das SKIZZIERGITTER ein- bzw. ausgeblendet werden.

 Weiterhin ist es ebenfalls möglich den RASTERFANG zu aktivieren bzw. zu deaktivieren.

(i) Bei der Erstellung von Zeichnungen kann auch manuell zweidimensionale Geometrie erzeugt werden. Die Handhabung der Konturerzeugung sowie der Definition von Bedingungen ist vollständig analog zum Skizziermodus zu sehen (s. Abschnitt 2.4). Die Geometrie wird dabei immer in der aktiven Ansicht eingefügt.

Ferner kann eine NEUE ANSICHT eingefügt werden. Diese Ansicht ist zunächst leer und bietet sich vor allem für die manuelle Erzeugung von zweidimensionaler Geometrie an.

Zeichnung exportieren

Eine Zeichnung kann über *Datei* ⇨ *Sichern unter...* in den gängigsten Formaten (z. B. dxf, dwg, pdf, tif) gespeichert werden.

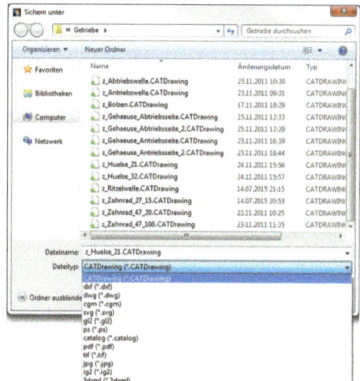

5.5 Zeichnungsableitung der Antriebswelle

  In diesem Abschnitt soll eine Zeichnung von der Antriebswelle erstellt werden. Dazu wird nach dem ÖFFNEN des 3D-Modells der Antriebswelle die DRAFTING-Umgebung aufgerufen.

Es wird ein leeres Blatt ausgewählt.

⇨ *Blattdarstellung* ⇨ *A3 ISO* ⇨ *Querformat*

Nach der Bestätigung mit *OK* kann selbstständig ein Zeichnungsrahmen eingefügt werden. Anschließend darf das Wechseln in die Arbeitsansichten nicht vergessen werden.

 Die erste VORDERANSICHT wird einge-
fügt. Dafür wird eine Stirnfläche der
Welle im 3D-Modell ausgewählt und die
Ansicht im Drafting-Dokument zu einer
Vorderansicht gedreht (blaue Pfeile).

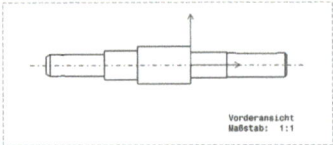

 Für die Durchgangsbohrung und die
Passfedernut wird ein AUSBRUCH erzeugt. Die Ausbruchsebene durchläuft
die Mittelachse und muss nicht verändert werden.

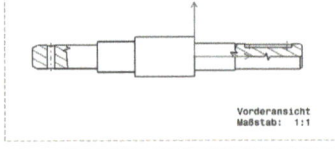

Die erzeugte Vorderansicht wird über
die Eigenschaften bearbeitet (RMT ⇨
Eigenschaften).

Im Bereich Aufbereiten wird die
Darstellung von Achsen aktiviert.

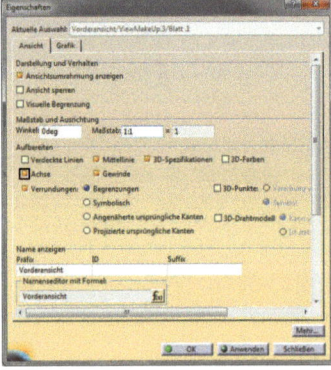

 Es kann mit der Bemaßung begonnen
werden. Hierfür wird die Funktion
DURCHMESSERBEMAßUNG gewählt. Es
muss nur eine Seite des Wellenabsatzes
angewählt werden. Die zweite Kante
wird automatisch erkannt.

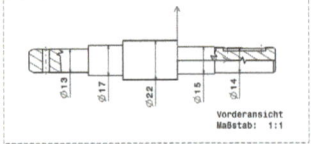

Die Längen der Wellenabsätze werden mit der Funktion LÄNGEN-/ABSTANDS-BEMAßUNG bemaßt.

 Bei der FASENBEMAßUNG erscheint nach der Auswahl der Funktion eine Symbolleiste zur Toolauswahl. Hier werden die folgenden Einstellungen vorgenommen und anschließend die Fase ausgewählt:

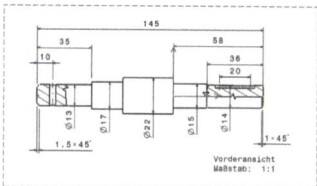

 ⇨ *Länge x Winkel*

⇨ *Zwei Symbole*

Alle Maßpfeile können über die *Eigenschaften* verändert werden. Weiterhin können hier Toleranzen oder Oberflächenangaben angetragen werden.

 Anschließend wird aus der Vorderansicht mit der Funktion PROJIZIERTE ANSICHT eine Draufsicht der Welle abgeleitet.

 Da die abgeleitete Draufsicht nur für die Bemaßung der Passfedernut benötigt wird, wird eine BEGRENZUNGSAN-SICHT erzeugt. Hierzu muss die Draufsicht aktiv sein (*Doppelklick LMT*).

Die Begrenzungsansicht wird häufig zur eindeutigen Bestimmung von kleinen Bereichen großer Bauteile verwendet.

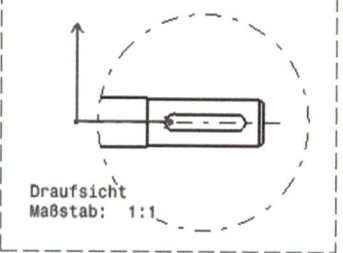

Alle fehlenden Maße können selbstständig angetragen werden.

 Abschließend wird aus der Vorderansicht eine ABGESETZTE SCHNITTAN-SICHT erzeugt. Hierzu muss die Vorderansicht aktiv sein.

Nach der Auswahl der Funktion wird in der Vorderansicht die Schnittlinie gezeichnet und mit einem *Doppelklick LMT* bestätigt.

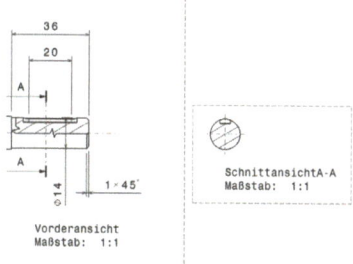

Anschließend kann durch Bewegen der Maus die Schnittansicht *positioniert* werden. Mit *LMT* wird die Schnittansicht platziert.

Über die *Eigenschaften* können die Darstellung der Schnittlinie sowie die Darstellung der Schnittansicht angepasst werden.

 Die Zeichnung ist nun vollständig und kann GESPEICHERT werden.

5.6 Kontrollfragen

 1. Wie wird ein neues Zeichnungsblatt angelegt?

2. Welche Ansichten gibt es in einer Zeichnung?

3. Wie wird eine Zeichnung exportiert?

6 Photo Studio

 Die Umgebung Photo Studio (*Start* ⇨ *Infrastruktur* ⇨ *Photo Studio*) ermöglicht die visuelle Aufarbeitung der modellierten Teile und die Erzeugung qualitativ hochwertiger Bilder.

Vorgehensweise:

I. Anpassen von Materialeigenschaften

II. Erzeugen einer Umgebung

III. Zuweisen von Texturen

IV. Erzeugen von Lichtquellen

V. Erzeugen von Kameras

(i) Die Umgebung Photo Studio lässt sich nur aus einer Baugruppe heraus öffnen. Demzufolge müssen auch Einzelteile in eine Baugruppe eingefügt werden.

Alle Einstellungen, die in diesem Kapitel vorgenommen werden, sind nur Empfehlungen und können nach eigenem Ermessen und Vorstellungen verändert werden.

Das Kapitel ermöglicht einen kleinen Einblick und die Handhabung mit den Materialeigenschaften, Umgebungen, Lichtquellen, Kameras, Bildeinstellungen und Katalogen des Produktes Photo Studio.

6.1 Materialeigenschaften

Während des Modellierens wurden der Komponente Gehaeuse_Abtriebsseite Materialeigenschaften (*Stahl*) zugewiesen. Die Materialeigenschaften beinhalten nicht nur Materialkennwerte, sondern auch Wiedergabeeigenschaften. Diese können über den Strukturbaum aufgerufen werden.

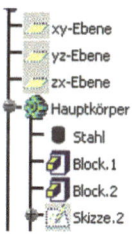

Ergänzende Information Die elektronische Version dieses Kapitels enthält Zusatzmaterial, auf das über folgenden Link zugegriffen werden kann https://doi.org/10.1007/978-3-658-50023-8_6.

Springer Fachmedien Wiesbaden GmbH, ein Teil von Springer Nature 2026
M. Schabacker (Hrsg.), *CATIA V5 – kurz und bündig*,
https://doi.org/10.1007/978-3-658-50023-8_6

Dazu wird in den Eigenschaften des
Materials *Stahl* in der Einzelkompo-
nente (*RMT* ⇨ *Eigenschaften*) die Registerkarte Wiedergabe aufgerufen. Es
werden folgende Einstellungen vorgenommen:

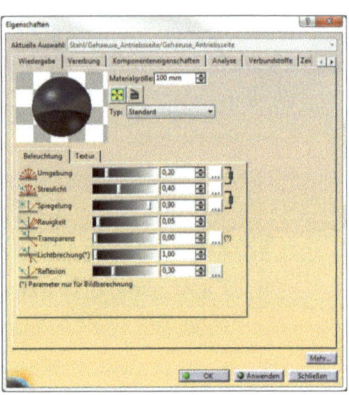

Umgebung ⇨ **0,2**

Streulicht ⇨ **0,3**

Spiegelung ⇨ **0,1**

Rauhigkeit ⇨ **0,05**

Transparenz ⇨ **0**

Lichtbrechung ⇨ **1**

Reflexion ⇨ **0,1**

Die Einstellungen verändern die Intensität des Lichtes und die Art der
Oberfläche. Die gleichen Einstellungen werden für die Komponente *Ge-
haeuse_Antriebsseite* vorgenommen. Die Einstellungen aller anderen
Komponenten bleiben unverändert.

6.2 Umgebung

Es wird eine BAUGRUPPENTRENNUNG
durchgeführt. Dazu muss wieder in die
Umgebung des Assembly-Designs
gewechselt werden. Die *Schnittebene*
ist die zx-Ebene der Komponente Ge-
haeuse_Abtriebsseite.

Als *zu schneidende Elemente* wird die
Komponente Gehaeuse_Abtriebsseite
gewählt.

Somit werden die inneren Bauteile des Getriebes sichtbar.

Anschließend wird das Modul PHOTO STUDIO aufgerufen.

Start ⇨ *Infrastruktur* ⇨ *Photo Studio*

Es wird eine rechteckige UMGEBUNG erzeugt. Diese Umgebung besteht aus sechs Wänden. Sie wird im Struktur-baum abgelegt. Einzelne Wände kön-nen beliebig ausgeblendet werden.

Des Weiteren können sie (*LMT auf die Wand*) beliebig im Raum verschoben werden.

Alle Wände können mit beliebigen Texturen (eigenen Grafiken) versehen werden.

⇨ *RMT auf Wand* ⇨ *Eigenschaften*

⇨ *Registerkarte Textur*

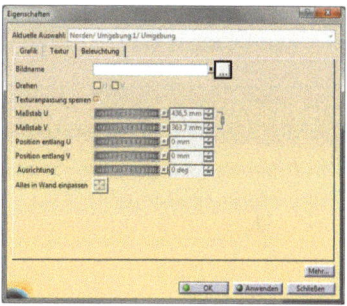

Die Texturen werden über das Icon hinter dem Namen geladen. Sie wer-den automatisch eingepasst und kön-nen über diesen Dialog in ihrer Positi-on und Ausrichtung verändert werden.

Als Beispiel kann ein beliebiges Bild einer Betontextur ausgewählt werden.

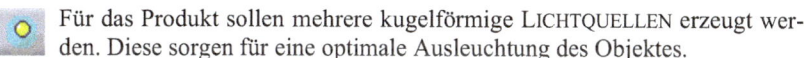 (i) Nicht benötigte Wände müssen nicht ausgeblendet werden. Liegen sie im Blickfeld einer Kamera, werden sie automatisch ausgeblendet. Alternativ können auch zylinderförmige oder kugelförmige Umgebungen erzeugt werden.

6.3 Lichtquellen

Für das Produkt sollen mehrere kugelförmige LICHTQUELLEN erzeugt wer-den. Diese sorgen für eine optimale Ausleuchtung des Objektes.

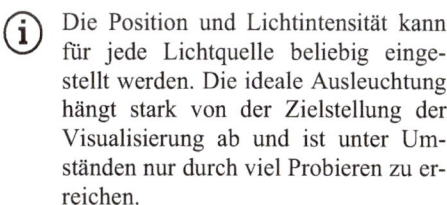
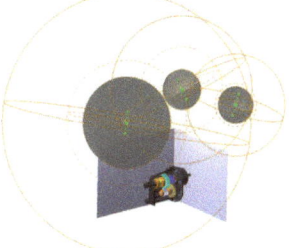

(i) Die Position und Lichtintensität kann für jede Lichtquelle beliebig einge-stellt werden. Die ideale Ausleuchtung hängt stark von der Zielstellung der Visualisierung ab und ist unter Um-ständen nur durch viel Probieren zu er-reichen.

Für LICHTQUELLE 1 können über *RMT auf die Lichtquelle im Strukturbaum*
⇨ *Eigenschaften* folgende Einstellungen vorgenommen werden.

Registerkarte Beleuchtung:

Typ ⇨ **Punkt** (es kann zwischen verschiedenen Typen gewechselt werden)

Farbe ⇨ **1** (die Farbe des Lichtes kann variiert werden, Standardfarbe ist
weiß)

Intensität ⇨ **1,2**

Startfaktor ⇨ **0,1** (Dämpfung der Lichtquelle beginnt nicht am Ursprungspunkt)

Registerkarte Schattenwurf:

Punktweise Darstellung ⇨ **deaktiviert** (der Schattenwurf soll nur von einer
Lichtquelle erfolgen)

Auf Objekte ⇨ **nicht aktiv** (der Schattenwurf auf Objekte kann nur für
Scheinwerferquellen separat eingestellt werden)

Registerkarte Bereich:

Typ ⇨ **Kugel**

Radius ⇨ **90mm**

Registerkarte Position:

X ⇨ **-400mm** (Position der Lichtquelle in x-Richtung relativ zum Modell)

Y ⇨ **0mm** (Position der Lichtquelle in x-Richtung relativ zum Modell)

Z ⇨ **300mm** (Position der Lichtquelle in z-Richtung relativ zum Modell)

Für LICHTQUELLE 2 und LICHTQUELLE 3 werden jeweils folgende Parameter verändert.

Registerkarte Beleuchtung:

Typ ⇨ **Punkt/Punkt**

Farbe ⇨ **1/1**

Intensität ⇨ **1,1/2,0**

Startfaktor ⇨ **0,2/0,43**

Registerkarte Position:

X ⇨ **320mm/-40mm**

Y ⇨ **0mm/0mm**

Z ⇨ **350mm/450mm**

Alle Lichtquellen können alternativ zu den Koordinaten im Grafikbereich in ihren Start- und Zielpunkten verschoben und ausgerichtet werden (siehe Pfeile).

 Weiterhin können alle Lichtquellen vom aktuellen Blickpunkt aus AKTUALISIERT (*Werkzeugleiste Beleuchtungsbefehle*) und ausgerichtet werden.

 Lichtquellen können ebenfalls ENTLANG EINER NORMALEN der gewählten Fläche positioniert werden.

Die vierte LICHTQUELLE (Scheinwerferlichtquelle) weist folgende Eigenschaften auf:

Typ ⇨ **Gerichtet**

Farbe ⇨ **1**

Intensität ⇨ **1,7**

Registerkarte Schattenwurf:

Punktweise Darstellung ⇨ **aktiviert**

Registerkarte Bereich:

Typ ⇨ **kein**

Registerkarte Position:

X-Ursprung ⇨ **-650mm**	X-Ziel ⇨ **140mm**
Y-Ursprung ⇨ **-540mm**	Y-Ziel ⇨ **150mm**
Z-Ursprung ⇨ **350mm**	Z-Ziel ⇨ **-175mm**

6.4 Kameras

Die Kameras definieren einen Blickpunkt des gerenderten Bildes. Werden
keine Kameras erzeugt, wird das Bild immer vom aktuellen Blickpunkt ge-
rendert. Eine Definition von Kameras hat also den Vorteil, dass die Auf-
nahmen, immer aus exakt gleicher Perspektive aufgenommen werden, was
zu einer besseren Vergleichbarkeit von Varianten führt. Über die Auswahl
der Funktion KAMERA wird eine Kamera auf Basis des aktuellen Blick-
punkts erzeugt. Eine Manipulation erfolgt über *RMT auf die Kamera im
Strukturbaum* ⇨ *Eigenschaften* oder alternativ über die Start- und Endpunkte im Grafikbereich.

 Es wird eine KAMERA mit folgenden Eigenschaften erzeugt:

Registerkarte Position:

X-Ursprung ⇨ **-320mm**	X-Ziel ⇨ **10mm**
Y-Ursprung ⇨ **-460mm**	Y-Ziel ⇨ **90mm**
Z-Ursprung ⇨ **145mm**	Z-Ziel ⇨ **-70mm**

Registerkarte Objektiv:

Typ ⇨ **Perspektive**

Brennpunkt ⇨ **Brennweite 40mm**

Für die AUFNAHME müssen folgende
Einstellungen vorgenommen werden:

Registerkarte Bild:

Kamera ⇨ **Kamera1** (erzeugte Kamera wird verwendet)

Umgebung ⇨ **Umgebung 1**

Lichtquellen ⇨ *alle erzeugten Lichtquellen auswählen*

Bildgröße ⇨ **1400x1050**

Faktor ⇨ **angepasst**

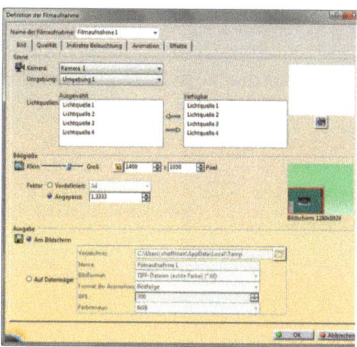

Unter der *Registerkarte Qualität* wird
die vordefinierte Genauigkeit erhöht.

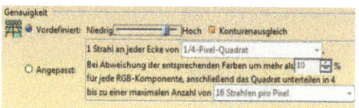

Alle anderen Einstellungen müssen in diesem Fall nicht verändert werden
und der Dialog kann *bestätigt* werden.

 Alle erzeugten Elemente und vorgenommenen Einstellungen werden im
Strukturbaum gespeichert und können darüber aufgerufen und verändert
werden.

 Das Bild wird mit der Funktion AUF-
NAHME WIEDERGEBEN erzeugt. Wurden mehrere Bildeinstellungen getrof-
fen, muss die gewünschte im Pull-
down-Menü ausgewählt werden. Alle
getroffenen Einstellungen werden in
diesem Fenster aufgelistet.

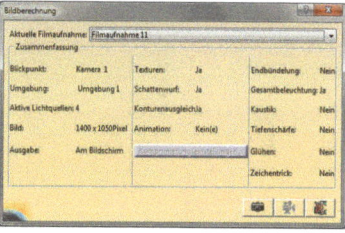

 Nach dem Rendern kann das erzeugte Bild GESPEICHERT werden.

6.5 Kataloge

CATIA V5 enthält verschiedene Katalogelemente, welche die Erstellung
einer Szene erleichtern können.

Der KATALOG wird über den folgenden Pfad aufgerufen:

*C:\Programme\Dassault Systemes\B18\intel_a\startup\components\Ren-
dering\Scene.catalog*

Hierbei sind vordefinierte Umgebungen, Lichtquellen, Kameras, Bildeinstellungen oder sogar bereits fertige Szenen zu finden. Diese Elemente
werden nach dem gleichen Prinzip wie Normteile aufgerufen.

6.6 Photo Studio Easy

 Eine Alternative zur Nutzung der kompletten Photo-Studio-Umgebung mit
all ihren Möglichkeiten bietet die Funktion PHOTO STUDIO EASY. Diese ist
sowohl im Part Design, als auch in der Umgebung Assembly Design und
Photo Studio nutzbar. Standardmäßig ist diese Funktion mittig in der unteren Symbolleiste zu finden.

Um ein Bild zu erzeugen, muss zunächst eine Umgebung über SZENE AUS-
WÄHLEN definiert werden. Für eine professionelle neutrale Darstellung ist
die vorgegebene Umgebung *Standard* zu empfehlen. Anschließend kann
über WIEDERGABEOPTIONEN die Qualität der Darstellung über ein Aus-
wahlmenü definiert werden. Hier ist eine hohe Qualität zu empfehlen. Über
WIEDERGABE kann nun direkt eine Visualisierung des Produkts / des Parts
erzeugt werden. Abschließend lässt dich die Visualisierung über BILD SPEI-
CHERN sichern.

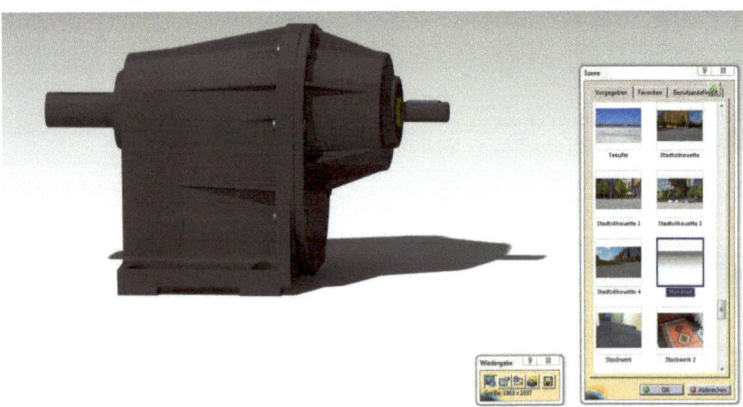

6.7 Kontrollfragen

 1. Wie können Materialeigenschaften vergeben werden?

2. Wie kann eine punktförmige Lichtquelle erzeugt werden?

3. Wofür ist die Definition von Kameras sinnvoll?

4. Wie kann schnell eine Visualisierung erzeugt werden?

7 Ausgewählte Funktionen

In diesem Kapitel werden anhand von einfachen Beispielen weitere wichtige Funktionen in der Modellierung mit CATIA V5 vorgestellt und beschrieben. Zunächst werden weitere Funktionen des Part Designs beschrieben. Anschließend wird auf das Generative Shape Design eingegangen.

7.1 Part Design

 Bei VERRUNDUNGEN MIT VARIABLEM RADIUS handelt es sich um gekrümmte Flächen, die in Abhängigkeit von einem variablen Radius definiert sind. Bei einer solchen Verrundung besitzen zwei Kanten über die ganze Länge mindestens zwei unterschiedliche Radien.

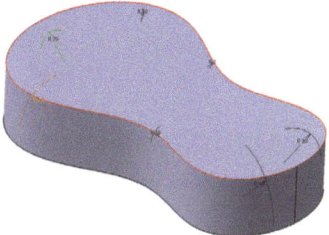

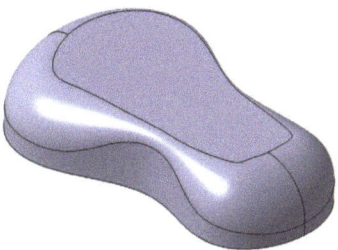

Ausgangszustand mit einer selektierten Kante

Volumenkörper mit einer variablen Verrundung

 Die Definition der ABSTANDSVERRUNDUNG erfolgt nach dem Prinzip der variablen Verrundung. Es ist ebenfalls möglich, nach der Selektion einer Kante eine Vielzahl von Punkten verschiedener Abstände auf der Kante zu definieren. Der Abstand eines Radius wird durch die Länge einer unter 45° zu den Flächen stehenden und die Flächen am Krümmungsbeginn schneidenden Fase beschrieben.

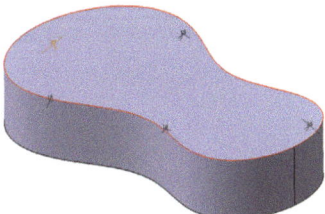

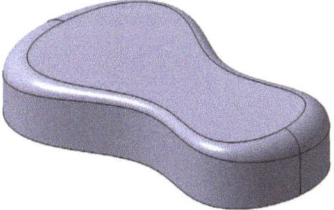

Ausgangszustand mit einer selektierten Kante

Volumenkörper mit einer Abstandsverrundung

© Der/die Autor(en), exklusiv lizenziert an
Springer Fachmedien Wiesbaden GmbH, ein Teil von Springer Nature 2026
M. Schabacker (Hrsg.), *CATIA V5 – kurz und bündig*,
https://doi.org/10.1007/978-3-658-50023-8_7

Die Funktion VERRUNDUNG AUS DREI TANGENTEN wird verwendet, wenn es zwischen den Teilflächen keinen Schnittpunkt gibt oder wenn zwischen den Teilflächen mehr als zwei scharfe Kanten liegen. Verrundungen zwischen zwei Flächen und Verrundungen aus drei Tangenten können an einer Ebene, Teilfläche oder Fläche getrimmt werden. Dazu im Dialogfeld *Mehr* wählen und unter *Begrenzende(s) Element(e)* die Ebene selektieren.

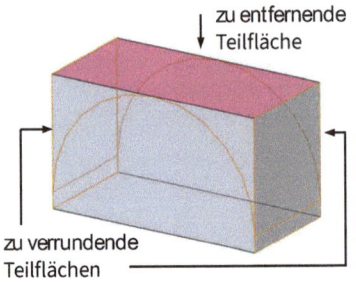

Ausgangszustand mit selektierten Flächen

Volumenkörper mit Verrundung zwischen zwei Teilflächen

 Zum Verschneiden eines Körpers an einer Ebene, Teilfläche oder Fläche wird die Funktion TRENNEN benötigt. Um einen Körper an einer Ebene/Fläche zu trennen, muss die Ebene/Fläche als *Trennendes Element* selektiert und die Trimmrichtung definiert werden. Die Richtung des Pfeils auf der Ebene kennzeichnet den Teil des Körpers, der nach der Operation erhalten bleibt. Wenn der Pfeil nicht in die gewünschte Richtung zeigt, kann er durch Anklicken umgekehrt werden.

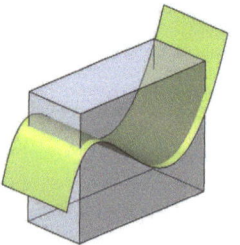

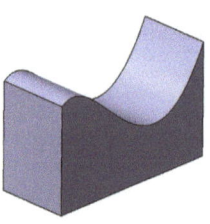

Grundkörper mit trennendem Element

getrennter Grundkörper

Mit der Funktion RIPPE kann ein Profil eines Querschnitts entlang einer Kurve ausgeprägt werden. Dazu werden eine geschlossene Drahtmodellgeometrie (*Profil*) und eine Leitkurve (*Zentralkurve*) benötigt.

Die Skizzierebene der Profilskizze sollte dabei senkrecht (normal) zur Zentralkurve sein. Standardmäßig wird der Querschnitt immer senkrecht zur Leitkurve gehalten. Die Leitkurve muss knick- und sprungfrei (einmal differenzierbar) sein. Über das Dialogfenster lässt sich nicht nur der Winkel zwischen Querschnitt und Leitkurve variieren, sondern mit Hilfe der Funktion *Dickes Profil* auch ein hohler Zugkörper mit dem *Aufmaß* als Wanddicke generieren.

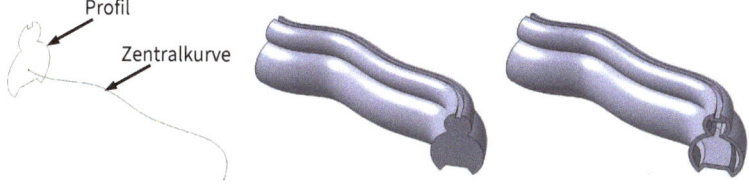

Ausgangssituation   **Rippe als Vollkörper**   **Rippe als dickes Profil**

 Eine RILLE wird benötigt, um vorhandenes Material durch Extrusion eines *Profils* entlang einer Leitkurve (Zentralkurve) zu entfernen. Alle Eigenschaften bezüglich der Leitkurve, der Drahtmodellgeometrie, der Vorgehensweise und der Darstellungsoptionen gleichen denen des Features Rippe.

 Die Funktion MEHRFACHTASCHE dient wie schon die beschriebene Funktion Mehrfachblock der Erstellung einer Taschenkomponente von verschiedenen Profilen einer Skizze unter der Verwendung verschiedener Begrenzungswerte. Die ausgewählten Extrusionsdomänen der Skizze müssen geschlossen sein und dürfen sich nicht schneiden. Im Dialogfenster Mehrfachtasche erscheinen nach Selektion der Skizze alle manipulierbaren Domänen.

Extrusionsdomänen
(geschlossene Profile einer Skizze)

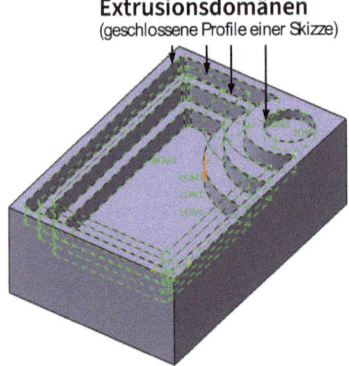 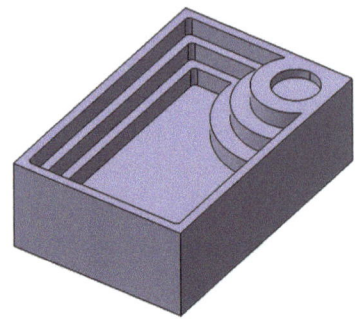

Ausgangszustand mit selektierten   **Ergebnis der Funktion Mehr-**
Profilen einer Skizze   **fachtasche**

 Aus Volumenkörpern können mit Hilfe der Funktion SCHALENELEMENT Hohlkörper mit variablem Aufmaß der Wanddicke erzeugt werden. Weiterhin kann ein Schalenelement auch als Aufmaßerhöhung auf der äußeren Seite vom Volumen verwendet werden. Für ein Schalenelement sind die zu entfernenden Flächen und die Wanddicke (*Wandstärke innen*) während der Definition zu bestimmen. Mit der Auswahl *Teilflächen mit anderen Aufmaßen* können Einzelflächen mit abweichenden Wandstärken konstruiert werden.

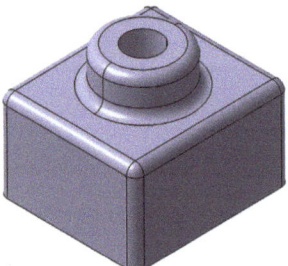 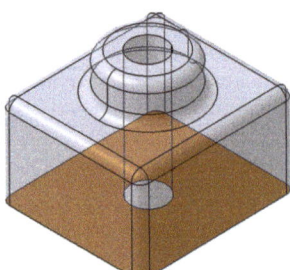

Grundkörper   **Zu entfernende Teilfläche**

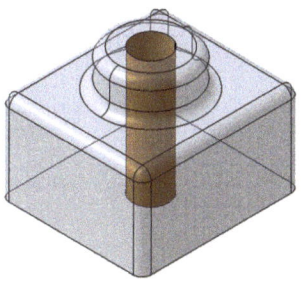
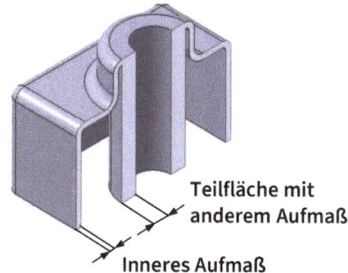

**Teilfläche mit
anderem Aufmaß**

Inneres Aufmaß

Fläche mit anderem Aufmaß   Schnittansicht

 Zur Verstärkung einzelner Teilflächen einer Konstruktion dient die Funktion AUFMAß. Mit ihr können selektierte Flächen mit einer einheitlichen Teil-
flächenverstärkung (*Standartaufmaß*) versehen werden. Darüber hinaus ist
es möglich unterschiedliche Teilflächen mit verschiedenen Aufmaßen zu
definieren.

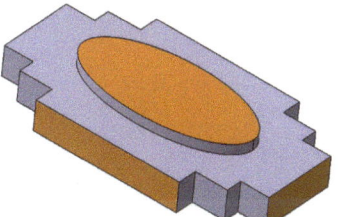

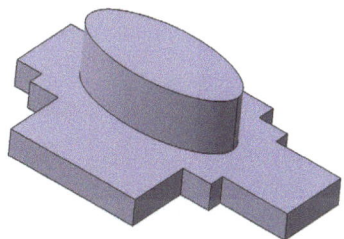

**Grundkörper mit Flächenauswahl   Grundkörper mit verstärkten
                                     Teilflächen**

 Die Operation ZUSAMMENBAU dient zur Vereinigung zweier Körper, bei
gleichzeitiger Integration der Teilespezifikation innerhalb eines Parts. Bei
dieser Zusammenführung wird entgegen der Operation *Hinzufügen* berück-
sichtigt, ob der hinzugefügte Körper „positive" oder „negative" Geometrie
(„Abzugskörper") enthält. Die zur Erzeugung der Körper verwendeten
Funktionen bleiben nach dem chronologischen Anhängen des Körpers in
dem Spezifikationsbaum des Hauptkörpers vollständig erhalten.

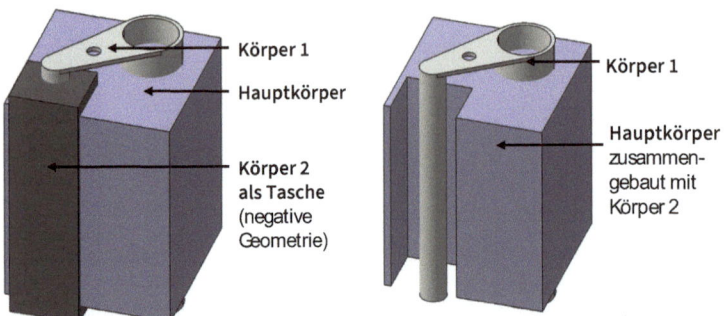

Ausgangszustand

**Nach Boolescher Operation Zu-
sammenbau**

 Mit Hilfe der Booleschen Operation HINZUFÜGEN wird ein selektierter
Körper mit dem Hauptkörper vereinigt. Die Funktion fügt den zuerst selek-
tierten Körper innerhalb des Strukturbaumes dem Hauptkörper hinzu, ohne
Berücksichtigung der Eigenschaften der Features und der Wertigkeit der
Geometrie untereinander.

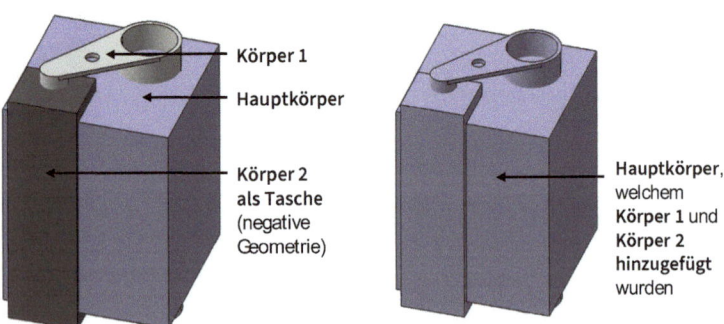

Ausgangszustand

**Nach Boolescher Operation
Hinzufügen**

Das Resultat der Operation VERSCHNEIDEN ist ein Körper, der die Schnittmenge der ausgewählten Körper bildet.

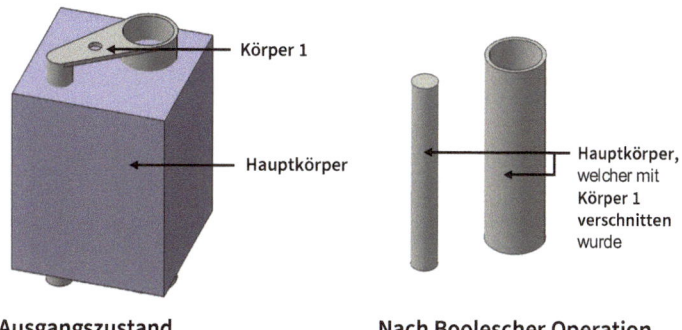

Ausgangszustand   **Nach Boolescher Operation**
                                       Verschneiden

 Mit der Booleschen Funktion VEREINIGEN UND TRIMMEN ist es möglich, selektierte Teilflächen bei der Vereinigung von Körpern zu entfernen. Zunächst werden zwei Körper für die Vereinigung definiert und anschließend die zu entfernenden und beizubehaltenden Flächen der beiden Körper selektiert. Aufgrund der Vielzahl an Auswahlmöglichkeiten und damit großer Darstellungsvariabilität ist bei dieser Funktion ein gut ausgeprägtes räumliches Vorstellungsvermögen erforderlich, um das gewünschte Ergebnis zu erreichen.

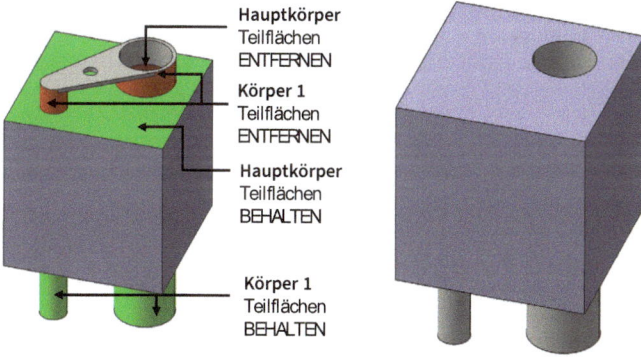

Ausgangszustand   **Nach Boolescher Operation**
                                       Vereinigen und Trimmen

7.2 Generative Shape Design

 Die Funktion DREHEN ermöglicht es, rotationssymmetrische Flächengeometrie durch die Rotation eines *Profils* um eine definierte *Achse* zu erstellen. Mit Hilfe der Begrenzungswinkel kann die Ausprägung definiert werden.

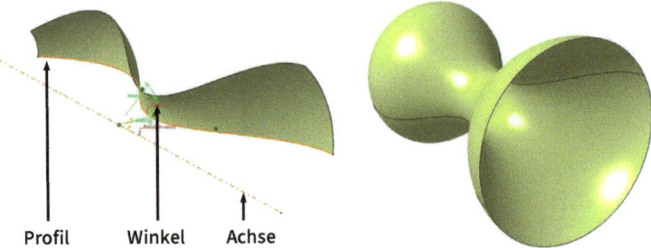

Profil   Winkel   Achse

Auswahl eines Profils und einer   **360°-Drehen eines Profils um eine**
Rotationsachse   **Rotationsachse**

 Eine FLÄCHE MIT MEHRFACHSCHNITTEN wird beschrieben durch die Selektion von Schnittkurven und einem selbstberechneten oder benutzerdefinier-
ten Führungselement. Eine Fläche wird translatorisch entlang der Leitkurve
über die Schnittkurven erzeugt. Die Übergänge zwischen den Schnittkurven können durch die Wahl eines Führungselementes, einer Kurve die alle
Schnitte berührt oder einer Leitkurve, einem beliebigen Kurvenzug, beeinflusst werden. Unter dem Reiter Verbindung können die Verbindungsarten
einzelner Schnitte zwischen Faktor, Tangentenstetigkeit, Tangentenstetigkeit dann Krümmungsstetigkeit und Scheitelpunkte variiert werden. Bei einer Verdrehung der Translationsfläche müssen die Endpunkte neu definiert
werden.

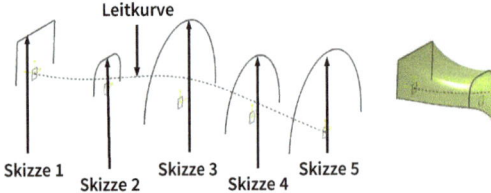

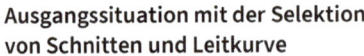

Skizze 1   Skizze 3   Skizze 5
        Skizze 2   Skizze 4

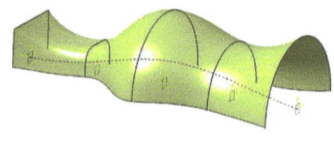

Ausgangssituation mit der Selektion   **Translationsfläche mit**
von Schnitten und Leitkurve   **Mehrfachschnitten entlang einer**
                                             Leitkurve

Die Funktion KUGEL dient der Erstellung einer Kugelfläche. Um eine Vollkugelfläche zu erstellen, muss ein Mittelpunkt, die Kugelachse (Achsensystem) und ein Kugelradius definiert werden. Für eine Teilkugelfläche 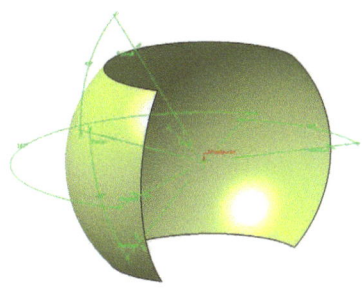 jedoch müssen die vier Begrenzungswinkel, geteilt in zwei Abschnitte, definiert werden. Die Bezeichnung richtet sich nach den Winkeln der Erdoberfläche, wo Breitengrade als Parallele und Längengrade als Meridiane bezeichnet werden.

Konstruktion einer Teilkugelfläche

 Um eine ZYLINDERMANTELFLÄCHE zu erstellen, ist die Bestimmung eines *Punktes* als Mittelpunkt der Rotationsachse, einer *Richtung*, definiert durch eine Achse oder eine Ebenennormale und eines *Radius* nötig. Die Länge der Ausprägung wird über die Längen 1 und 2 definiert.

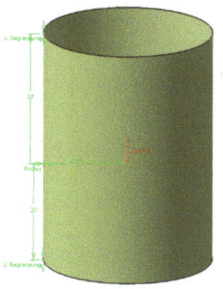

Konstruktion einer Zylinderfläche

 Die Funktion ZERLEGEN stellt die gegenteilige Funktion zum ZUSAMMEN-FÜGEN dar. Selektierte Mehrzellkörper werden mit Hilfe dieser Funktion in unabhängige, getrennt voneinander manipulierbare Einzel- oder Eindomänenkörper wie Kurven oder Flächen zerlegt. Die Art und Weise der Zerlegung ist im Dialogfenster in Form des Zerlegemodus zu definieren. Eine Zerlegung *Aller Zellen* führt zu einer vollständigen Zerlegung in Zellen mit unabhängigen Kurven. Im Vergleich dazu werden bei dem Zerlegemodus *Nur Domänen* selektierte Elemente nur teilweise zerlegt. Beibehalten werden Elemente, deren Zellen verbindungsfähig sind. Die Anzahl der ausgewählten und die Anzahl der zu erzeugenden Elemente werden im Dialogfenster entsprechend dem Zerlegemodus angezeigt.

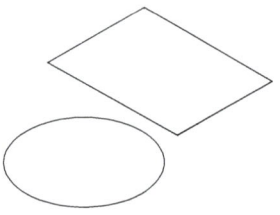

Dialogfenster Zerlegen   **Skizze im Ausgangszustand**

Alle Zellen
(6 Kurven)

Nur Domänen
(2 Kurven)

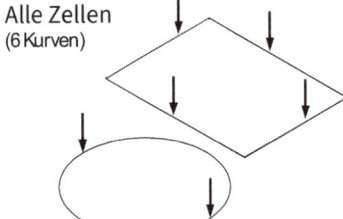

Zerlegungsmodus „Alle Zellen"   **Zerlegt in nur Domänen**

 Ähnlich wie das beschriebene ABLEITEN des Flansches dient die Funktion MEHRERE ELEMENTE EXTRAHIEREN zur Ableitung von Flächengeometrie eines Volumenkörpers. Es kann jede Art von Geometrie eines Modells abgeleitet werden. Zu beachten ist, dass die Art (Kurve, Punkt, Fläche) aller Mehrfachextraktionen gleich ist. Nach Selektion der abzuleitenden Geometrie muss im Dialogfeld die Art der Fortführung und anschließend die Art der Verwaltung der Mehrfachergebnisse definiert werden. Die Fortführung kann für jede abzuleitende Geometrie beliebig zwischen Punktstetigkeit, Tangentenstetigkeit, Krümmungsstetigkeit und keiner Fortführung variiert werden.

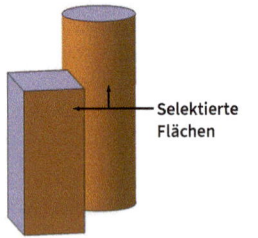

Selektierte
Flächen

Ausgangszustand mit selektierten Flächen   **Ableitung der selektierten Flächen**

Wie bei Volumenkörpern ist es auch bei zusammengefügten Flächen möglich, eine VERRUNDUNG mit konstantem Radius als Übergangsfläche entlang einer scharfen Innenkante zu erzeugen. Die entstehende Verrundungsfläche wird durch das Rollen einer Kugel mit ausgewähltem *Radius* erzeugt. Als *Stützelement* muss die Flächengeometrie definiert und als zu *verrundende(s) Objekt(e)* die Kante selektiert werden. Außer der Definition des Radius muss in dem Auswahlfeld *Extremwert* ein gewünschter *Endtyp* der Verrundung unter Gerade, Glatt, Maximum und Minimum gewählt werden.

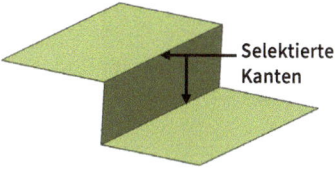 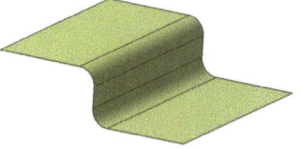

Ausgangszustand mit selektierter Fläche   **Kantenverrundung zweier zusammengefügter Flächen**

 Um sich schneidende oder berührende Flächen zu verrunden, wird die Funktion FORMVERRUNDUNG verwendet. Die Verrundungsfläche wird durch das Rollen einer Kugel zwischen den ausgewählten Flächen erzeugt. Es ist möglich, eine Verrundung aus zwei Tangenten oder aus drei Tangenten zu erstellen. Nach Selektion der *Stützelemente* muss der Radius und der Übergang von einer zur nächsten Fläche über *Enden* definiert werden. Der Übergang kann Glatt, Gerade, Maximal und Minimal ausgeführt werden. Während der Ausführung zeigen zwei Pfeile im 3D-Bereich an, in welche Richtung die Rundung erzeugt wird. Die Verrundung aus drei Tangenten erfolgt analog (diese wird jedoch deutlich seltener verwendet). Diese Verrundungsfunktion ist gegenüber der Funktion VERRUNDUNG (wann immer es möglich ist) vorzuziehen, da sonst bei Änderungen an der Elterngeometrie Updateprobleme (durch Brep-Zugriffe) hervorgerufen werden können (z. B. werden selektierte Kanten nach Geometrieänderung nicht mehr gefunden).

Ausgangszustand für die Verrundung aus zwei Tangenten   **Formverrundung aus zwei Tangenten**

Stützelement 1

Stützelement 2

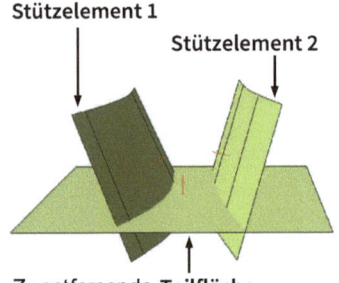 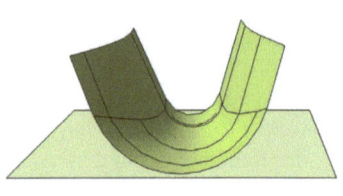

Zu entfernende Teilfläche

Ausgangszustand für die   **Formverrundung aus drei**
Verrundung aus drei Tangenten   **Tangenten**

 Die Funktion VERSCHIEBEN wird benötigt, um einen oder mehrere Punkte, Linien- oder Flächenelemente entlang eines definierten Vektors zu verschieben. Außer der Selektion der zu verschiebenden Geometrie (*Element*) muss in dem Dialogfeld die Definition des Vektors und die mit der Auswahl verbundenen Geometrieelemente und Abstandsmaße festgelegt werden.

Richtung, Abstand: Hier muss eine Linie oder eine Ebene, um deren Normale als Verschiebungsrichtung zu definieren, angewählt werden. Der Wert Abstand definiert anschließend den Abstand der Verschiebung.

Punkt zu Punkt: Über das Dialogfeld ist ein Start- und Endpunkt zu definieren. Der Endpunkt legt die Lage der Verschiebung fest.

Koordinaten: Über das Dialogfenster müssen Koordinaten der Verschiebung definiert werden.

Das als Verschieben bezeichnete Element wird dem Strukturbaum hinzugefügt, wobei das Originalelement nicht geändert wird.

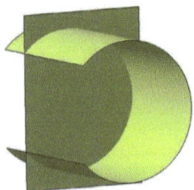 

Ausgangszustand mit selektierter   **Verschiebung zweier Einzelflächen**
Fläche   **entlang einer Richtung**

Mit Hilfe der Funktion DREHEN ist es möglich, Geometrie um eine Achse zu drehen. Je nach Rotationstyp müssen verschiedene geometrische Elemente zur exakten Positionierung der zu erstellenden Kopie definiert werden. Nach Selektion der zu drehenden Geometrie (*Element*) muss laut Rotationstyp eine *Achse* und ein *Winkel* oder eine *Achse* und zwei Elemente, welche eine genaue Positionierung zulassen, festgelegt werden. Als Elemente können *Punkt/Punkt, Punkt/Linie, Punkt/Ebene* und *Linie/Linie* dienen. Weiterhin ist es möglich die Drehung mit Hilfe von *drei Punkten* und der aus der Ebene aller entstehenden Normalen, welche in Punkt 2 positioniert die Rotationsachse darstellt, zu definieren. Mit dem Butten *Objekt nach OK wiederholen* ist es möglich, eine Vielzahl von Kopien nach demselben Muster zu erzeugen.

Ausgangssituation mit Wahl der Achse und des Winkels   **Geometrie nach Drehen mit Wiederholung**

 Um eine Geometrie zu erzeugen, welche grundlegend einer vorhandenen Geometrie ähnlich ist, aber keine Winkeltreue zur bestehenden voraussetzt, kann die Funktion AFFINITÄT genutzt werden. Das führt dazu, dass eine Kopie der bestehenden Geometrie mit veränderten Längen und Winkeln erstellt wird, bei der die Punkte, Geraden und Ebenen des Raumes wiederum Punkten, Geraden und Ebenen zugeordnet werden. Zunächst muss ein Element, das durch Affinität umgewandelt werden soll selektiert werden. Anschließend muss das Achsensystem, welchen für die Operation dienen soll, durch *Ursprung, xy-Ebene* und *x-Achse* definiert werden. Das Verhältnis für die Affinität wird dann durch Eingabe der gewünschten Werte für X, Y und Z festgelegt.

**Ausgangszustand mit definiertem Koordinatensystem und
Affinität der Geometrie mit X = 4, Y = 2, Z = 1**

 Mit Hilfe der Funktion SKALIEREN ist es möglich Geometrie auf einfache
Art und Weise umzuwandeln. Es sind ausschließlich ein zu skalierendes
Geometrieelement, eine *Referenz* und der *Skalierungsfaktor* zu definieren.
Bei einer Ebene als Referenz wird die Skalierung in Normalenrichtung der
Ebene erzeugt. Der Punkt als Referenz führt zu einer räumlichen Skalie-
rung. Mit dem Button *Objekt nach OK wiederholen* ist es möglich eine
Vielzahl von Kopien nach dem gleichen Muster zu erzeugen.

Punkt als Referenz, Faktor 2   **Ebene als Referenz, Faktor 1,5 mit
Wiederholung**

Die Funktion HELIX dient der Erzeugung schraubenförmiger 3D-Kurven. Diese Kurven stellen als Leitkurve einer RIPPE die Grundlage für die Erstellung von Spulen oder Schraubenfedern dar. Zur genauen Definition der Kurve werden ein *Startpunkt* und eine *Rotationsachse* benötigt. Parameter der Helix werden über die Werte Steigung, Höhe, Ausrichtung und Radiale Abweichung festgelegt

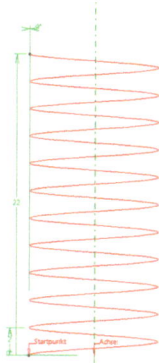
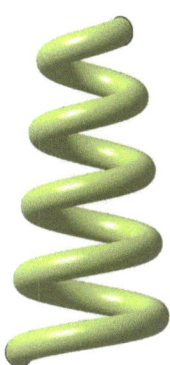

Erzeugen einer Helix mit Punkt und Achse

Eine Schraubenfeder mit radialer Abweichung durch Konuswinkel

 Mit der Funktion KOMBINIEREN ist es möglich eine Kurve aus der Projektion zweier Einzelkurven zu erstellen. Die Projektion kann normal oder entlang zweier Richtungen definiert werden. Die selektierten Kurven müssen zweidimensional sein.

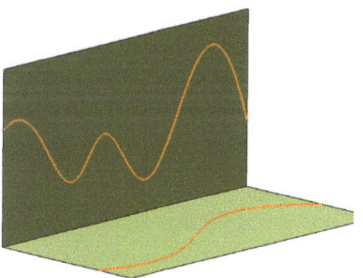
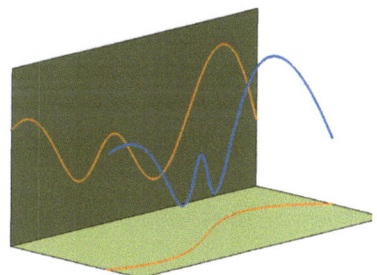

Ausgangszustand mit ebenen Kurven (orange)

Normalenkombination der Kurven (blau)

Mit Hilfe einer PARALLELEN KURVE können vorhandenen Kurven unter Selektion eines *Stützelementes* weitere Kurven konstanten Abstands auf der Stützebene hinzugefügt werden. Nach der Auswahl der *Kurve* muss der Abstand (*Konstante*) definiert werden. Über den Button *Regel* ist es möglich, die neue Kurve gegenüber dem Original zu verändern. Sie kann konstant, linear, s-förmig oder benutzerdefiniert gewählt werden.

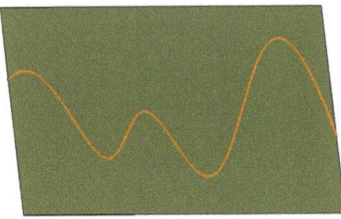   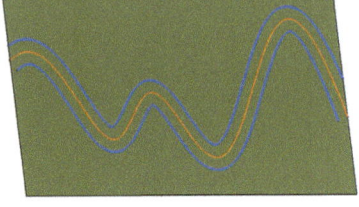

**Selektion einer Kurve (orange) auf   Parallele Kurven (blau) auf dem
einer Stützebene   Stützelement**

 Die Funktion OFFSETKURVE ermöglicht es im Gegensatz zur *Parallelen Kurve,* eine neue 3D-Kurve unter Definition einer *Auszugrichtung* zu erstellen. Demnach liegt die Kurve nicht auf einer vorhandenen Fläche, sondern frei im Raum, definiert über eine *Ausgangskurve*, die Richtung einer Ebene und eine festgelegten *Offset*.

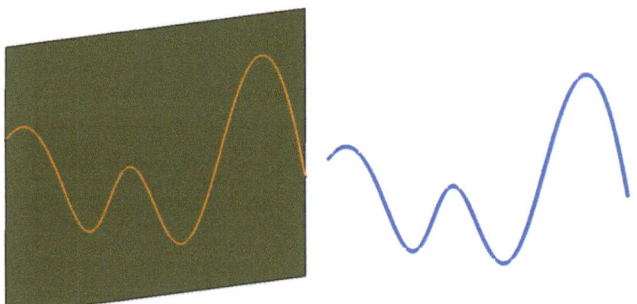

3D Offsetkurve (blau) der selektierten Kurve (orange) in Auszugsrichtung

 Eine POLYLINIE ist ein aus mehreren Einzelpunkten zusammengesetzter Kurvenzug, wobei die Verknüpfungspunkte mit einem Radius verrundet werden können. Dazu den zu verrundenden Einzelpunkt im Dialogfeld selektieren und die gewünschte Verrundung in der Spalte *Radius* definieren. Punkte können nach einer Selektion mit *Ersetzen, Entfernen* und *Hinzufügen* frei manipuliert werden

Um die Trennung komplexer Flächengeometrie, welche voranging im Spritzgusswerkzeugbau benötigt wird, zu ermöglichen, dienen die REFLE-XIONSLINIEN. Mit Hilfe dieser Funktion ist es möglich, Kurven zu konstruieren, deren Normale zur Stützfläche in allen Punkten einen konstanten definierten Winkel zur festgelegten Richtung aufweisen. Der zu definierende Winkel stellt den Winkel zwischen der Richtung und der Flächennormale dar und muss zwischen 0° und 180° liegen

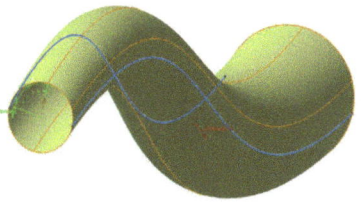

Ausgangssituation einer komplexen Flächengeometrie

Trennung der Geometrie an den Reflexionslinien (blau) mit dem Winkel 90°

 Eine VERBINDUNGSKURVE dient der Verbindung zweier Kurven oder Linien, die vom Verbindungstyp her entweder normal in einer Ebene liegen kann oder eine *Basiskurve* als Stützelemente für die Ausrichtung der Eckpunkte besitzt. Der Übergang *(Stetigkeit)* der Kurven an den Punkten kann zwischen *punktstetig, tangentenstetig* oder *kurvenstetig* unterschieden werden. Mit Hilfe des Buttons *Elemente trimmen* kann überschüssige Geometrie entfernt werden.

Selektion zweier Kurven und Punkte in einer Ebene (orange)

Verbindungskurve (blau) zwischen zwei Kurven (orange)

Ein weiteres sehr nützliches Feature stellt die Funktion ABWICKELN dar. Hierbei ist es möglich planare Abwicklungen von gekrümmten Flächen zu erstellen. Es kann auch eine Abwicklung von geschlossenen Flächen (z. B. zylindrischen Flächen) erstellt werden. Dazu muss zudem eine Trennlinie (*Einreißende Kurve*) angegeben werden. Weiterhin muss bei geschlossenen Flächen unter *Referenz* ein Ursprung, von dem die Abwicklung ausgeht, und eine Richtung, in die abgewickelt werden soll, gewählt werden.

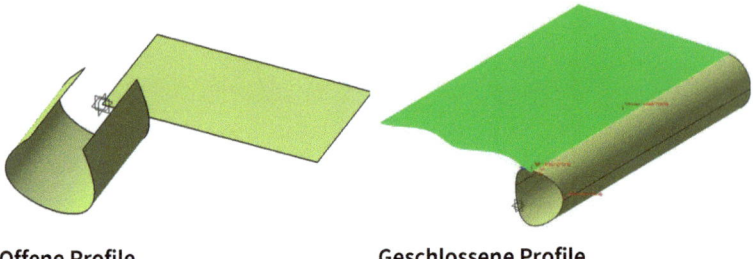

Offene Profile   **Geschlossene Profile**

Sachwortverzeichnis

Michael Schabacker

Solid Edge 2025 für Einsteiger – kurz und bündig

Gibt eine praxisnahe und effektive Einführung mit Kontrollfragen

Liefert eine kurze und prägnante Darstellung der wichtigsten Befehle

Mit überzeugender Schritt-für-Schritt-Anleitung

Edition No: 10
©2026

Erweitern Sie Ihr Wissen und sichern Sie sich jetzt Ihr eBook oder gedrucktes Exemplar

Bestellen Sie hier auf Springer Nature Link

link.springer.com/book/
9783658498344

Michael Schabacker, Jannik Ludewig

Creo Parametric 10.0 für Einsteiger – kurz und bündig

Grundlagen mit Übungen

Liefert eine kurze und prägnante Darstellung

Mit Schritt-für-Schritt-Anleitung

Enthält zahlreiche Beispiele aus der Praxis

Edition No: 6
©2024

Erweitern Sie Ihr Wissen und sichern Sie sich jetzt Ihr eBook oder gedrucktes Exemplar

Bestellen Sie hier auf Springer Nature Link

link.springer.com/boo
9783658448677

Paul Blaschke, Andreas Wünsch, Michael Schabacker

Siemens NX für Einsteiger – kurz und bündig

Liefert eine Schritt für Schritt-Anleitung und ist für alle ohne Vorkenntnisse bestens geeignet

Basiert auf neuer Version NX Continuous Release 2206

Kostenlos für Leser: Kontrollfragen und Videos sind über einen Link im Buch abrufbar

Edition No: 5
©2023

Erweitern Sie Ihr Wissen und sichern Sie sich jetzt Ihr eBook oder gedrucktes Exemplar

Bestellen Sie hier auf Springer Nature Link

link.springer.com/book/
9783658428174

Zeitfracht Medien GmbH
Ferdinand-Jühlke-Straße 7
99095 Erfurt, Deutschland
produktsicherheit@kolibri360.de